盐城工学院学术专著出版基金资助

机械设备润滑案例研究与分析

管　文　著

科学出版社

北　京

内 容 简 介

　　本书所列案例是大型知名企业几十年润滑技术的实践经验总结，内容涉及各行各业的机械设备润滑。

　　本书包括 5 部分内容。第一部分是机械设备常用零部件的润滑；第二部分是机械设备的润滑故障与改进，包括金属切削机床的润滑故障与改进、非切削机床的润滑故障与改进、通用设备的润滑故障与改进、化工设备的润滑故障与改进、冶金矿山设备的润滑故障与改进；第三部分是二硫化钼的成功润滑案例与分析，包括二硫化钼在金属加工的润滑、二硫化钼在金属切削设备的润滑、二硫化钼在非金属切削设备的润滑、二硫化钼在起重运输设备的润滑、二硫化钼在重型机械的润滑、二硫化钼实施无油润滑的实例；第四部分是二硫化钼润滑失败的案例与分析；第五部分是二硫化钼的润滑机理及应用前景。

　　本书可供工科大、中专院校的师生阅读，也可供工、农、医研究所技术人员和工、农、医企业的技术人员阅读与参考。

图书在版编目（CIP）数据

　　机械设备润滑案例研究与分析/管文著. —北京：科学出版社，2016.12

　　ISBN 978-7-03-051187-4

　　Ⅰ. ①机⋯　Ⅱ. ①管⋯　Ⅲ. ①机械设备-润滑-案例　Ⅳ. ①TH117.2

　　中国版本图书馆 CIP 数据核字（2016）第 312871 号

责任编辑：邓　静　张丽花 / 责任校对：桂伟利
责任印制：张　伟 / 封面设计：迷底书装

科 学 出 版 社 出版
北京东黄城根北街 16 号
邮政编码：100717
http://www.sciencep.com
北京厚诚则铭印刷科技有限公司 印刷
科学出版社发行　各地新华书店经销

*

2016 年 12 月第 一 版　　开本：720×1000　B5
2023 年 4 月第四次印刷　　印张：8 1/2
字数：200 000
定价：90.00 元
（如有印装质量问题，我社负责调换）

前　言

设备的润滑对于设备的精度、性能、设备的寿命、周期费用都有极大的影响。每台设备的具体润滑要求，通常在设备的使用说明书中都有明确规定，但由于地区、企业、设备的使用环境和工况不同，有时说明书的规定不能满足设备实际的需要，或者不具备说明书规定的条件，从而影响设备的使用。这要求设备的润滑要与本单位的具体条件相结合，采取相对应的措施对设备进行正确润滑。随着引进设备日益增多，进口设备的润滑也成为突出问题，因进口设备的说明书规定使用的润滑油是国外油品，有时不可能引进了设备还要引进润滑油，这就要求按设备润滑的要求正确地选用国产油品。

本书所列案例是大型知名企业几十年润滑技术的实践经验总结，内容涉及各行各业的机械设备润滑，是润滑专家研究润滑几十年、大胆创新、日积月累的好经验。本书的主要观点：减少工件的磨损及发热以及由此造成的能量损失、保持设备的工作精度、提高设备的工作效率、延长设备寿命、推广当代生产实践的成功润滑经验，以实现节省成本、避免浪费、少走弯路、提高国民生产经济效益。本书的出版将填补国内外空白。

本书由管文博士所著。从事几十年润滑工程的专家徐根元先生为本书提供了许多他自己经手的润滑案例。本书的著写得到国家自然科学基金项目资助（项目编号为51575470 和 51605414）。本书的出版得到盐城工学院的资助。作者在此一并表示感谢。

由于时间仓促，书中难免有疏漏和不当之处，敬请读者批评指正。作者邮箱gwgw2005@126.com。

作　者

2016 年 10 月 10 日

目　　录

第1章　机械设备常用零部件的润滑

设备的润滑对于设备的精度、性能，甚至设备的寿命、周期费用都有极大的影响。每台设备的具体润滑要求，通常在设备的使用说明书中都有明确规定，但由于地区、企业、设备的使用环境和工况不同，有时说明书的规定不能满足设备实际需要，或者不具备说明书规定条件，从而影响设备使用。这要求设备的润滑要与本单位具体条件结合，采取相对应的措施对设备进行正确润滑。

随着引进设备日益增多，进口设备润滑也成为突出问题。进口设备说明书规定使用的润滑油是国外油品。有时不可能引进了设备还要引进润滑油，这要求按设备润滑要求正确选用国产油品。引进二手设备的润滑更"棘手"。因新设备引进后有生产单位专家来指导，而引进二手设备则没这条件。

本章将机械设备上常用的零部件的成功润滑经验归纳总结，供广大技术人员参考。

1.1　齿轮的润滑

齿轮传动(图 1.1)是机械传动中应用最广的一种传动形式。其特点如下。

(1)瞬时传动比恒定。非圆齿轮传动的瞬时传动比能按需要的变化规律来设计。

(2)传动比范围大，可用于减速或增速。

(3)速度(指节圆圆周速度)和传递功率的范围大，可用于高速($v>40\text{m/s}$)、中速和低速($v<25\text{m/s}$)的传动；功率从小于 1W 到 10^5kW。

(4)传动效率高。一对高精度的渐开线圆柱齿轮，效率可达 99%以上。

(5)结构紧凑，适用于近距离传动。

图 1.1　齿轮传动

齿轮的润滑方式是由齿轮的分度圆速度来确定的。齿轮的分度圆速度与润滑方式的关系：齿轮的分度圆速度<0.8m/s，采用涂润滑脂润滑；分度圆速度 0.8～4.0m/s，高速下采用浸油润滑，其他情况用润滑脂；分度圆速度 4.0～12m/s，浸油润滑；分度圆速度>12m/s，压力喷油润滑。

1.1.1　润滑油润滑

选择齿轮润滑油应考虑下列因素。

1. 齿轮种类

各种齿轮传动的工作情况和特点不同，选用的润滑油也不同，如汽车双曲线齿轮的负荷重、滑动速度大，要求使用高极压性能的双曲线齿轮油。

2. 运转的温升及环境温度

运转的温升高，黏度下降，减弱了润滑能力或使油膜破坏而出现胶合，这种场合要选用黏度和黏度指数高的油。运转的温升在 45℃ 以上时，黏度指数需 60 以上。环境温度影响着齿轮的温升，寒冷的地方要选择凝点低及低温性能好的油；环境温度变化大的地方，要选用黏度指数高的油。

3. 载荷和速度

低速重载齿轮因油膜形成条件差，要选用黏度高、油性和极压性好的油。高速齿轮传动油膜形成条件好，但搅拌损失大，因此选用黏度低的油。高速传动的瞬时温升高，易发生胶合失效，因此要选用临界温度高、抗氧化性能好的油。

4. 润滑方法和结构要求

不同的润滑方法对油的要求也不同，另外还要考虑齿轮和轴承是否用同一润滑系统。在闭式齿轮传动中，齿轮与轴承是用同一油源润滑的，但齿轮和轴承对润滑油的要求是不相同的。齿轮要求高黏度的油而滑动轴承考虑到散热则要求黏度低一些的润滑油，由于采用同一润滑系统，就要兼顾二者的要求采用黏度稍低（考虑轴承润滑）、极压性能好（考虑齿轮润滑）的极压齿轮油。

5．工作环境

工作环境指有无水侵入润滑油、气候是否潮湿、是否有腐蚀介质的影响等，根据具体情况可添加防锈剂、抗乳化剂、抗氧化剂等。

润滑油的种类很多，主要分为工业齿轮油和车用两大类，一般根据齿轮的种类和负荷条件选取。

1.1.2　摩擦化学方法

对齿轮的润滑，近年来出现了用摩擦化学方法降低磨损。摩擦化学的发展，对于改善机械零件的磨损具有十分重要的实用意义。

美国格林研究中心 2007 年将 4 种成分的聚苯硫醚混合物添加到航空润滑油中搅拌均匀，在 2 个齿面渗碳的 AISI9310 航空钢啮合直齿轮上进行喷油雾润滑试验。齿轮齿数 28、转速 10000r/min、最大接触应力 1.2GPa。结果显示：齿轮运转 35 小时后，主动齿轮磨损量仅 8mg、从动齿轮磨损量仅 6mg。

本书研究团队 2010 年在 DOD-L-85734 航空润滑油中分别添加 2%的 T321、T307、T391 和 T202 添加剂并搅拌均匀，得到 5 种试验油样。为减小试验成本，用销盘摩擦磨损试验代替齿轮啮合传动。上、下试样均是 12Cr2Ni4A 航空钢，上试样是 Φ10mm×4mm 小圆柱，下试样是 Φ98mm×4mm 圆盘，渗碳深度为 0.8～1.0mm、表面硬度不低于 60HRC。试验前、后，上、下试样在丙酮中清洗 6 分钟，再用烘干箱烘干。用 UMT-Ⅱ试验机做销盘摩擦磨损试验，载荷是 100N。上、下试样为线接触，其中，上试样固定而下试样以 1000r/min 的速度旋转，摩擦中心距旋转中心 25mm。油气润滑装置所需气压是 0.4MPa。摩擦试验开始前，在上、下试样待摩擦区域涂一层 DOD 基础油，再用柔软的纸擦干。滑动摩擦过程中，摩擦系数急剧升高，就在试样接触区的入口中心处喷一次油气，每次喷油气时间是 5 秒、每次喷油量是 0.005ml。试验开始后，每隔 7min 就在上试样最靠近摩擦区域的内侧中心处测温。每次试验的时间是 45 分钟。通过多次试验，得到 4 种添加剂的最佳抗磨含量分别为：2%T391、1%T307、1%T321、2%T202，而最佳的抗磨添加剂和最佳抗磨含量为 2%T391：其试样磨损量最少、温升最低、表面质量最好、用油量最少。2%T391+DOD 的油气润滑只喷油气 3 次、用油量仅 0.015ml，则其

45 分钟的上试样磨痕宽度仅为 421.32 μm，而干摩擦仅 48 秒时的磨痕宽度却为 629.20 μm。

2%T391+DOD 磨损表面的 XRD 图谱（图 1.2）出现的可能有 C、Fe_5C_2、$Fe_2O(PO_4)$、Fe_3O_4、Cr_2N、Fe_3N 和 FeN。由此可推断，2%T391+DOD 起抗磨作用的是铁的磷化物、铁的氧化物和丰富的氮化物。

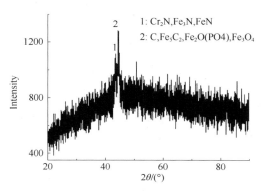

图 1.2　2%T391+DOD 磨损表面的 XRD 图谱

可见，合适的抗磨添加剂能使摩擦表面生成抗磨物质，大大减少了摩擦表面的磨损。

1.2　滑动轴承的润滑

滑动轴承(sliding bearing)（图 1.3），是在滑动摩擦下工作的轴承。在液体润滑条件下，滑动表面被润滑油分开而不发生直接接触，可大大减小摩擦损失和表面磨损，油膜还具有一定的吸振能力。轴被轴承支承的部分称为轴颈，与轴颈相配的零件称为轴瓦。为了改善轴瓦表面的摩擦性质而在其内表面上浇铸的减摩材料层称为轴承衬。轴瓦和轴承衬的材料统称为滑动轴承材料。动压轴承一般润滑规律是：转速越高选用油品黏度越小，反之黏度要高些；负载越大，油品黏度也越大；轴承间隙越小，黏度也越小；轴承与气温成正比，即温度高黏度也高，低温下选用低黏度油品。但由于黏度指数改进剂和油性添加剂及抗磨添加剂的出现，一些规律被打破。

图 1.3　滑动轴承

滑动轴承在低速如 100r/min 以下或 0.5m/s 的线速度以下，可不用液体油作润滑剂，而选用合适的润滑脂作润滑剂，这样就大大减少设备的漏油现象。一些冲床等低速重载滑动轴承采纳此方案并取得了成功经验。

1.3　流体静压轴承的润滑

流体静压轴承是依靠一个液压系统供给压力油，压力油进入轴承间隙里，强制形成压力油膜以隔开摩擦表面，保证了轴颈在任何转速下（包括转速为零）和预定载荷下都与轴承处于液体摩擦状态。图 1.4 为流体静压径向轴承系统，轴承有 4 个完全相同的油腔，分别通过各自的节流器与供油管路相连接。在轴承外载荷 F 为零时，轴与轴颈同心，各油腔的油压相等。当轴承受到外载荷 F 时，轴颈的轴线下移了 e，各油腔附近的间隙发生变化，受力较大的下油腔间隙减小，上油腔间隙增大，上下两油腔产生的压力差平衡载荷 F。

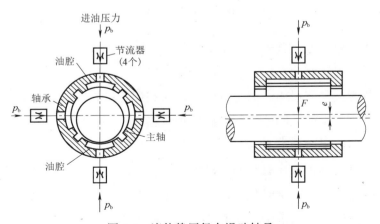

图 1.4　流体静压径向滑动轴承

从理论上说，静压轴承是很先进的轴承，一般不会出现润滑问题，也不会有抱轴事故，但实际上有"抱轴"，也有闷车、咬毛，这主要是油液的清洁度未控制好所致。静压轴承选用润滑油的黏度较小，常用 ISO15-68。静压轴承用油中若适当加入合适的抗磨剂，对消除"抱轴"也有作用。

1.4　滚动轴承的润滑

滚动轴承(rolling bearing)(图 1.5)是现代机器中广泛应用的部件之一，它是依靠主要元件间的滚动接触来支承转动零件的。滚动轴承绝大多数已经标准化，并由专业工厂大量制造及供应各种常用规格的轴承。滚动轴承具有启动所需力矩小，旋转精度高、选用方便等优点。滚动轴承的基本结构由内圈、外圈、滚动体和保持架等 4 部分组成。虽是滚动轴承，但其摩擦副在实际运行时既有滚动也有滑动。

图 1.5　滚动轴承

滚动轴承的润滑方式众多：①稀油润滑；②脂润滑；③油雾润滑；④油气润滑；⑤粉尘润滑。其中脂润滑一般不能将润滑脂装得太满，要留有余地，也即是空毂润滑，这样可节约大量润滑脂。但也有例外，如钢厂轧机轧辊轴承箱里，若用空毂润滑，会进大量冷却水或轧制液，从而破坏轴承箱内滚动轴承的润滑工况，为此只能将空间填满而不能用空毂润滑。

润滑脂润滑滚动轴承在有些场合可做到终生润滑，这是优质润滑脂对滚动轴承的巨大贡献，这样可免除平时的添油脂、换新油脂等一系列的麻烦。随着优质合成润滑脂的出现，滚动轴承添加一次脂后，就不必再添加脂的终生润滑一定会实现。但因润滑脂选用不当，导致滚动轴承运转时产生高温或寿命短或故障不断时，就要从提高润滑脂的质量去改进和解决，如选用抗剪切性好、耐高温、抗水等优良润滑脂。

1.5　导轨的润滑

导轨(图 1.6)是金属或其他材料制成的槽或脊，可承受、固定、引导移动装置或设备并减少其摩擦的一种装置。导轨表面上的纵向槽或水脊，用于导引、固定机器部件、专用设备、仪器等。导轨的形式很多，有立导轨、水平导轨、斜导轨及滑动导轨、滚动导轨、静压导轨等。常见导轨用于各种机床中，它的特点是相对运动的速度低、精度高，易受切屑及乳化液的入侵，导轨用油因此易变质，润滑条件恶化产生爬行等。对于立导轨，因油膜不易形成，造成干摩擦，为此更易产生爬行，因此立导轨用油相对水平导轨黏度要高些，且要用专用导轨油，如水平导轨若用 68# 时，同样工作条件下的立导轨应选用 100# 以上的导轨油。导轨润滑最常见的故障是爬行，即便改装成静压导轨后仍会产生爬行，为此要选用适当的抗爬行导轨油，使用过程中还可补加抗爬行的抗磨添加剂。当然做好导轨防护，保持清洁也很重要。静压导轨一般不用导轨油，用精制的液压油 15#、32#、46# 即可，静压导轨首要考虑的应是油液的污染控制。对滚动导轨来说润滑材料的选用略简单些，只要选用抗氧化安定性好、有一定的防锈功能的润滑脂即可，只是防止外来异物(如铁末及切削液)的入侵很重要。

图 1.6　导轨副

实际工作中，机床导轨爬行，除了由于导轨润滑材料即油品外，机械结构及其他因素也会产生爬行，如滑台负荷超载或驱动的功率太小或液压驱动油缸内有泡沫产生抖动和导轨本身局部磨损或制造质量欠佳等。

1.6　液压系统的润滑

液压传动是以液体作为工作介质，利用液体的压力能来传递动力。一个完整的液压系统由五个部分组成：动力装置、执行装置、控制调节装置、辅助装置、工作介质。液压系统的动力装置(液压泵)的作用是将原动机的机械能转换成液体的压力能。液压系统的执行元件(液压缸和液压马达)的作用是将液体的压力能转换为机械能，从而获得需要的直线往复运动或回转运动。液压由于其传递动力大、易于传递及配置等特点，在工业、民用行业应用广泛。

液压系统的润滑剂有水剂、油品及抗燃油三大类，这些工作介质既是润滑剂又是传递动力的工作介质。其中水剂是有一定润滑作用的乳化液，如常见的有水压机及煤矿液压支架等；油品是液压系统中最常用的工作介质，主要是普通矿物油如 N32#—N68#液压油等，也有用合成油的，但成本要高些。抗燃液压油可分三类：①水乙二醇，②砷酸酯，③聚酯。砷酸酯有毒有害且成本高，越来越少用了。聚酯是后起之秀，正在广泛推广中。水乙二醇是目前抗燃油中使用数量最多的，面最广，有缺陷：如润滑性略差，对油箱内壁的油漆有清洗脱落作用。由于它外观与普通矿油很接近，因此它的废油易与矿油混合，若大量矿油混入水乙二醇后，再经过油泵充分搅拌混合会产生乳化和皂化，导致液压系统瘫痪，造成全线停产等严重润滑事故。

液压系统对油品的要求如下。

(1)黏度指数：室内工作液压机的黏度指数要在 75 以上，对室外的要求更高(如航空液压油)，黏度指数要在 130~180。

(2)要有较好的抗剪切性：对于用 602 黏度添加剂后才提高黏度指数的稠化液压油，由于 602 黏度添加剂的抗剪性差，液压油只能短期内保持高的黏度指数。

(3)润滑性能：选用液压油也要考虑有一定的润滑性，以防止液压元件过早磨损，为此要常用抗磨液压油或自行在原液压油中加些抗磨添加剂，以利于液压件的自身润滑。还可防止爬行。

(4)清洁度：清洁度对液压油是十分重要的质量指标，特别是对伺服阀及节流阀等精密液压元件。为此 ISO 清洁标准要在 21/18 级左右才行，有的要在 20/17 级以上，有时还要求油中尘埃小于 10um。总之，应始终保持机床液压系统的清洁与润滑。

（5）其他的指标：如抗氧化安定性、空气释放性、抗泡性及对水分控制等，均有一定的要求。

1.7　蜗轮与蜗杆的润滑

蜗轮副（图 1.7）传动用于在交错轴间传递运动和动力，两轴线间的夹角可为任意值，常用的为 90°。蜗轮副传动由蜗杆和蜗轮组成，一般蜗杆为主动件。蜗轮副传动发热量大，齿面容易磨损，成本高，为避免胶合和减缓磨损，蜗轮副传动的材料必须具备减摩、耐磨和抗胶合的性能，一般蜗杆用碳钢或合金钢制成，螺旋表面经热处理如淬火和渗碳，以达到高的硬度（45～63HRC），然后经过磨削或珩磨以提高传动的承载能力。蜗轮多数用青铜制造，对低速不重要的传动，有时也用黄铜或铸铁。

图 1.7　蜗轮与蜗杆

为了防止胶合和减缓磨损，应选择良好的润滑方式，选用含有抗胶合添加剂的润滑油。实际中有人往往将蜗轮副划入齿轮传动，润滑用的油品也参照齿轮选用，这是蜗轮副润滑的错误。蜗轮副与齿轮副有很大区别：蜗轮副速比大、运转平稳、自锁性好等，但由于它是滑动摩擦，而普通齿轮以滚动摩擦为主。润滑剂选用不当易导致蜗轮的磨损。蜗轮材料多数是砷青铜，与它匹配的蜗杆材料很多是 45#钢，齿轮摩擦副常规使用的抗磨添加剂如氯化石蜡及二卞基二硫等，加入蜗轮副润滑油后不但没有好处，反易加速砷青铜蜗轮的磨损，甚至还会有咬合事故发生，为此只能加些硼、脂肪酸油脂等才可对蜗轮副润滑工况有所改善。我国早在多年前已制出蜗轮副专用油品的 CKE 蜗轮蜗杆油，质量标准 SH/T0094-91 分别是 L-CKE220#、320#、460#、680#、1000#等五种规格，还有含硫、硼的 L-CKE/P 也有和前者相同的五种规格。但沈阳重机推广钢质蜗轮后又有新转机。

1.8　超越离合器的润滑

超越离合器(图 1.8)是随着机电一体化产品的发展而出现的基础件,它是用于原动机和工作机之间或机器内部主动轴与从动轴之间动力传递与分离功能的重要部件。它是利用主、从动部分的速度变化或旋转方向的变换具有自行离合功能的装置。超越离合器分为楔块式超越离合器、滚珠式超越离合器和棘轮式超越离合器。超越离合器是龙门刨床和自动车床等许多机床内常见的一种机械装置。机床齿轮箱体内所用油品主要为齿箱多数齿轮润滑服务，但冬季润滑油温度下降而黏度大增，导致超越离合器里的摩擦片脱不开，产生机床动作失灵而停产。这时有人就往齿箱润滑油里加一些煤油促使润滑油黏度下降，摩擦片又能脱开和闭合了。这种方法使齿箱内部易生锈，最佳办法是选用黏度指数高或油品牌号小的低黏度油，如原用 46#的液压油改为 32#或更低。有些超越离合器配有电磁吸铁，这时应有附加说明：此装置只能在海拔 1000m 以下地区使用，主要是离合器的导电石墨触头不耐真空。另一个要求是配有超越离合器(片式)的齿轮箱所用的润滑油一般是不添加任何抗磨添加剂的。

图 1.8　超越离合器

1.9　传送链的润滑

链传动(图 1.9)是通过链条将具有特殊齿形的主动链轮的运动和动力传递到具有特殊齿形的从动链轮的一种传动方式。链传动有许多优点，与带传动相比，无弹性滑动和打滑现象，平均传动比准确，工作可靠，效率高；传递功率大，过载能力强，相同工况下的传动尺寸小；所需张紧力小，作用于轴上的压力小；能在高温、潮湿、多尘、有污染等恶劣环境中工作。链轮链条在工业上使用的范围非常广泛，我们平时乘坐的电梯，我们平时用到的机器里面都有链轮链条。链轮与链条工况恶劣，有些是在无防尘罩的条件下工作，易受尘埃与水汽和温差等入侵，且很难保持油膜，因为加油时底下漏油一片，而不加油时就处于干摩擦，为此这对"摩擦副"磨损严重。有的链条在加热炉里工作，受高温烤后油品容易气化。因此链传动的润滑至关重要，适宜的润滑能显著降低链条铰链的磨损，延长其使用寿命。

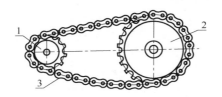

1,2-链轮；3-链条

图 1.9　链传动

链条是由销子与轴套及链板(链带)所组成的，它除了自身在运行中有相对运动而摩擦(如销子与轴套)外，还与链轮齿之间摩擦，磨损部位较多，故润滑工作显得重要。链条所用润滑油在一般工作温度下(0~60℃)按链索的线速度可有 4 档，分别为：①<150 m/min；②150~300 m/min；③300~500 m/min；④>500 m/min，对应的润滑油牌号及注油方法分别是：①1.68-150#润滑油，主要用刷涂及手浇；②46-68#润滑油，用滴油及加油器；③32-68#润滑油，一般用飞溅、油浴；④32#润滑油，用油泵喷射法。高温下工作的链索应选用高温链条油，见长城牌 SHT-500、518、600。食品工业用链索最好选用自润滑链索。油气润滑技术的出现，将为链轮链索的润滑带来巨大改善，因它比油雾润滑先进得多：既有良好润滑又无污染环境。

1.10　钢丝绳的润滑

钢丝绳(图1.10)是将力学性能和几何尺寸符合要求的钢丝按照一定的规则捻制在一起的螺旋状钢丝束，由钢丝、绳芯及润滑脂组成。钢丝绳是先由多层钢丝捻成股，再以绳芯为中心，由一定数量股捻绕成螺旋状的绳。在物料搬运机械中供提升、牵引、拉紧和承载之用。大量起重设备如电梯、桥式行车、卷扬机、冶金专用吊、挖掘机及港口起重设备等均广泛应用钢丝绳，如忽视润滑会使钢丝绳过早磨损、使用寿命缩短，严重时在未超载的情况下会引起钢丝绳突然断裂从而造成意外事故。为此要重视钢丝绳的润滑。它在受拉伸、弯曲和扭转三种受力工况下与链条等摩擦副相似。

图1.10　钢丝绳

1.　钢丝绳受损情况

每根钢丝与股绳和衬芯(麻芯)之间均有相对运动，因而有摩擦、磨损、锈蚀。具体有如下一些情况。

(1)尘埃、泥沙等磨料掺入，引起钢绳的磨粒磨损；

(2)得不到足够润滑剂而产生干摩擦和黏着磨损；

(3)钢丝使用时间过长，产生疲劳磨损；

(4)钢丝绳与绳轮及定滑轮之间摩擦严重，得不到妥善润滑，有的滑轮边缘缺损导致与钢绳的非正常磨损加剧；

(5)受热辐射的烘烤，使钢丝绳寿命大为缩短；

(6)在露天工作，钢绳受风砂及雨淋产生锈蚀；

(7)电镀车间行车钢丝绳因涂石墨脂导致电化作用，致腐蚀磨损加剧。

2.　钢丝绳的润滑方法

(1)手工浇注法：直接定时对钢绳涂润滑油。

（2）浸浴法：通过"油盒"对垂直运动或水平运动的钢丝绳进行润滑油补给。

（3）热浴法：通过加热的油槽促使钢丝绳再次全面上油，使钢丝绳内部麻芯也能"吃"润滑油。

卷扬机滚筒（绳轮）与钢索间要经常涂些润滑脂。重要钢丝绳可用"缆索油"。

1.11　扭力减振器用油

在较大功率柴油发动机功率输出轴端，为了减少振动，往往配有扭力减振器，它所用的液体油品不是普通矿油，而是压缩性好的（也称液体弹簧）一种合成油：硅油，这种油品是扭力减振器和其他阻尼器的理想液体。硅油黏温性好，使用寿命长，但润滑性不如普通矿油。

1.12　丝杆与螺母间的润滑

丝杆与螺母（图 1.11）是将回转运动与直线运动相互转换的理想传动装置，应用非常广泛，如机床滑台、托板和横梁升降。我们经常坐的转椅在升降时也用到这对摩擦副。丝杆与螺母这对摩擦副虽然作水平移动及轻负荷升降时较平稳，但一些摇臂钻床横梁及龙门刨横梁靠它作升降运动时，往往会发出噪声，严重时还会冒烟，这种现象虽不多见，但新机床与刚大修好的机床，时常会出现这些润滑故障。

只要在原用润滑油中添加些抗磨添加剂或用二硫化钼油膏即可。

图 1.11　丝杆与螺母

1.13　曲柄连杆机构的润滑

曲柄连杆机构（图 1.12）是发动机的主要运动机构。其功用是将活塞的往复运动转变为曲轴的旋转运动，同时将作用于活塞上的力转变为曲轴对外输出的转矩，以驱动汽车车轮转动。除少数转子发动机外，绝大部分内燃机应用最多的机构是曲柄连杆机构，它所用的润滑油性能主要适应内燃机的活塞与汽缸间摩擦时的高温润滑工况，也就是选用内燃机用润滑油时，主要考虑占整个发动机摩擦损耗 75% 左右的活塞与气缸间的润滑需要。它与整个内燃机(包括汽油机和柴油机在内)的润滑是同一系统，统称车用机油。近年由于节能、环保要求逐步提高，内燃机用润滑油质量越来越高，优化速度远比工业用油快，这从内燃机转速不断提高、功率也越来越大、润滑油箱容量反而减小得到验证。

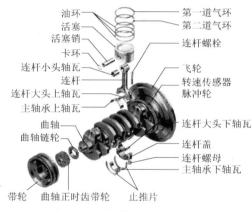

图 1.12　曲柄连杆机构

　　除大量内燃机、活塞式空压机外，曲柄连杆机构在各吨位冲床有广泛使用，但转速均没有内燃机高，为此润滑要求也低，有些冲床连杆瓦还可用润滑脂，这样可减少设备漏油。

1.14　汽缸与气缸的润滑

1. 汽缸与气缸区别

　　汽缸常见于用蒸汽作动力推动活塞者，如锅炉房里的蒸汽给水泵和锻造车间的蒸汽锻锤上部的汽缸与活塞组，还有就是过去大量应用的火车头里的汽缸(现已被内燃机车与电气机车替代)。这里用蒸汽的叫汽缸。

　　气缸用得最多的是内燃机，这里主要指内燃机以外的气缸，例如，氧气压缩机气缸、空气压缩机气缸、煤气压缩机气缸、冷冻机压缩机气缸、真空泵气缸等。

2. 汽缸与气缸润滑的共同特点

(1)由于汽缸(气缸)均和活塞作往复运动,故速度相对较低,除内燃机活塞线速度较高外,其余均较低,大量活塞在每分钟数百次以下往复因此所选用润滑剂黏度相对较大,这还有利于活塞和汽缸(气缸)间的密封。如汽缸油、压缩机油等。

(2)要保证汽缸(气缸)得到良好润滑,不出故障,长时间正常运转除了选用合理的、优化级润滑剂外,活塞环的装配也是重要因素,如活塞环接口装入汽缸中时,一定要避免与进排气口放在同一位置上,对于内燃机而言,三根活塞环的接口处也要避开,看似简单,可在实际操作时往往被忽略而造成严重润滑(咬毛)事故。

(3)虽然在汽缸(气缸)里与活塞做相对运动产生摩擦磨损,但活塞环与缸壁的摩擦更占主要,为此我们要充分重视,特别是有特殊要求的无油压缩机,它的活塞环是选用有自润滑作用的含 MoS_2(或石墨)的四氟乙烯。

(4)汽缸(气缸)与活塞环、活塞三者作运动特别是新机器运行时会产生"早期磨损",为此,内燃机装配出厂时要进行"跑合"试车运行,而对于大型锻锤汽缸(如3t 蒸汽锤)为防止早期磨损,在大修理刚镗过的汽缸壁上应涂一些二硫化钼干膜后再装配,才能确保一次试车成功。

(5)除少数汽缸(气缸)外,不少气缸壁外套需要用水作冷却,如内燃机及压缩机的气缸,如果冷却水突然中断,缸壁得不到及时冷却,则缸内温度上升,润滑条件恶化,就会出现重大事故。冬天要在停机时及时放尽冷却水,否则会冻坏缸套。

3. 汽缸与气缸的润滑不同之处

对于用蒸汽的汽缸,润滑相对较简单,均用汽缸油即可,但对于气缸,所用油品复杂,除内燃机油外,几乎不同类型的气缸就有相应类型的油,如冷冻机用冷冻机油、真空泵用真空泵油、压缩机用压缩机油等。对压缩机,普通的煤气往复式压缩机也可用与空压机相同的 100#压缩机油。但氧气压缩机,却不能使用任何矿油,否则会产生严重爆炸事故,氧气压缩机的气缸里只能用甘油与蒸馏水作润滑剂(合成润滑剂)。

总之,汽缸与气缸的润滑技术涉及面较广:除了所用油品知识,还有活塞环的装配及设计、制造、跑合、使用与维修等。这里提到的机械知识也适用磨床液压缸、油压机液压缸。

1.15　差速器的润滑

　　普通差速器(图 1.13)由行星齿轮、行星轮架(差速器壳)、半轴齿轮等零件组成。发动机的动力经传动轴进入差速器，直接驱动行星轮架，再由行星轮带动左、右两条半轴，分别驱动左、右车轮。差速器的设计要求满足：(左半轴转速)+(右半轴转速)=2(行星轮架转速)。当汽车直行时，左、右车轮与行星轮架三者的转速相等，处于平衡状态，而在汽车转弯时三者平衡状态被破坏，导致内侧轮转速减小，外侧轮转速增加，汽车差速器能够使左、右(或前、后)驱动轮实现以不同转速转动。当汽车转弯行驶或在不平路面上行驶时，使左右车轮以不同转速滚动，即保证两侧驱动车轮作纯滚动运动。差速器是为了调整左右轮的转速差而装置的。在四轮驱动时，为了驱动四个车轮，必须将所有的车轮连接起来，如果将四个车轮机械连接在一起，汽车在曲线行驶的时候就不能以相同的速度旋转，为了能让汽车曲线行驶旋转速度基本一致，需要加入中间差速器用以调整前后轮的转速差。

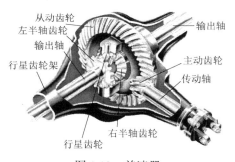

图 1.13　差速器

　　差速器所选用的油品要求很高，要用专门的双曲线齿轮油。因为这些齿轮受的载荷大，且有冲击，故普通机油无法胜任。双曲线齿轮油的特点是含多种复合极压添加剂如硫、氯、磷等，但这种油不适用于普通齿轮作润滑剂。对于在黑龙江严寒地区，冬天的气温在-30℃以下时，有些齿轮油凝固了，冬天军用卡车无法紧急启动。以前的办法是汽车进库而不要放在露天，以利于保温，还有就是用火烤"牙包"外壳促使它升温并直至油品解冻。但这些办法均不够理想。若在齿箱大齿轮侧面安装些小风叶，该齿一开动，小风叶也转起来了，这时事先将原有齿轮油放尽，而后加些二硫化钼与石墨混合粉末，就实现了"粉尘润滑装置"，随小风叶飞舞的固体润滑粉末会对正在转动的齿面有良好润滑作用。这种润滑方式在潮湿多水汽的江南水乡不太合适，因为大量水汽会入侵齿箱，而造成"粉末"结团。总之"粉末"润滑还属于一项新开发的技术，有待今后进一步开发与改进。但用凝点低于-30℃的合成润滑油就可解决了。

1.16　万向节的润滑

万向节(图 1.14)即万向接头，是实现变角度动力传递的机件，用于需要改变传动轴线方向的位置。万向节处受的载荷大，还有冲击负荷，结构紧凑，外来入侵的泥沙、水分等不利因素较多，从而对万向节用的润滑剂要求高。万向节磨损严重，寿命较短，因此不可轻视它在润滑剂选用方面的特殊要求。一般万向节用含二硫化钼锂基脂(2#、3#)即可，不能胜任时可选专用油脂，要求针入度265~295℃，滴点287.8℃，抗氧化，抗水，防锈功能均要求较佳。

图 1.14　万向节

1.17　机床尾架死顶尖的润滑

机床顶尖(图 1.15)可分为死顶尖和活顶尖两大类。车床与磨床等在加工细长轴类工件时，往往需用死顶尖将工件顶住，且对于要求高的长轴类零件，如精车长丝杆及磨削长轴外圆时必须要用死顶尖，而不准用含滚动轴承的活顶尖(主要目的是提高加工件精度)。但是死顶尖的润滑条件苛刻：一是单位面积受力较大，二是润滑剂易被切削液稀释失效。若不及时改进，有"咬死"顶尖甚至会产生死顶尖头断裂、工件突然飞出伤人等事故。若死顶尖没有损坏但工件的中心孔"咬毛"，也是麻烦事，需要马上重新修磨中心孔。总之，死顶尖与工件中心孔间这对"摩擦副"的润滑工作要高度重视，用抗水性好、耐磨性好的3#二硫化钼锂基脂即可。

图 1.15　机床顶尖

1.18　谐波齿轮传动机构的润滑

谐波齿轮传动（图 1.16）是一种依靠弹性变形运动来实现传动的新型机构，它突破了机械传动采用刚性构件机构的模式，使用了一个柔性构件来实现机械传动，从而获得了一系列其他传动所难以达到的特殊功能。

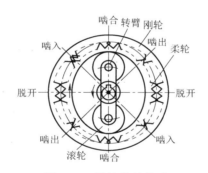

图 1.16　谐波齿轮传动

谐波齿轮传动机构是充分利用摩擦学理论的一种很完美的设计，它结构紧凑、运转平稳、速比大、承载能力强，是齿轮传动方面的后起之秀。它主要由波发生器、柔轮、刚轮所组成。柔轮、刚轮组成的摩擦副，利用"以柔克刚"道理将摩擦学技术充分发挥。谐波传动早已在机床传动及雷达动力谐波减速器等方面得到利用，随着人们对它优点的慢慢认识，相信今后将会得到更多场合的推广与应用。

谐波齿轮传动机构的特点是体积小、负载大，故对润滑剂的要求较高。普通油脂不能胜任，一般采用 4109 合成脂或用 0#高低温脂。航天飞行器中的谐波传动机构必须选用固体润滑材料。

1.19　擒纵机构的润滑

擒纵机构(图 1.17)是钟表的重要部件之一。一方面它在振荡系统的控制下有节制地将原动机的能量传递给指针；另一方面它以每个周期或每半个周期向振荡系统提供能量，以补偿摩擦消耗的能量。它的支持点轴承往往用高级宝石作滑动支承的，这样可长时间走时不易磨损，所用润滑油有鲸脑油、钟表油、硅油等，其中常见的是用钟表油。

图 1.17　擒纵机构

第2章　机械设备润滑故障与改进

机械设备由驱动装置、变速装置、传动装置、工作装置、制动装置、防护装置、润滑系统、冷却系统等部分组成。机械设备运行时，其一些部件甚至其本身可进行不同形式的机械运动。机械设备种类繁多，主要包括以下12类。

(1)农业机械：拖拉机、播种机、收割机等。

(2)重型矿山机械：冶金机械、矿山机械、起重机械、装卸机械、工矿车辆、水泥设备、窑炉设备等。

(3)工程机械：叉车、铲土运输机械、压实机械、混凝土机械等。

(4)石化通用机械：石油钻采机械、炼油机械、化工机械、泵、风机、阀门、气体压缩机、制冷空调机械、造纸机械、印刷机械、塑料加工机械、制药机械等。

(5)电工机械：发电机械、变压器、电动机、高低压开关、电线电缆、蓄电池、电焊机、家用电器等。

(6)机床：金属切削机床、锻压机械、铸造机械、木工机械等。

(7)汽车：载货汽车、公路客车、轿车、改装汽车、摩托车等。

(8)仪器仪表：自动化仪表、电工仪器仪表、光学仪器、成分分析仪、汽车仪器仪表、电料装备、电教设备、照相机等。

(9)基础机械：轴承、液压件、密封件、粉末冶金制品、标准紧固件、工业链条、齿轮、模具等。

(10)包装机械：包装机、装箱机、输送机等。

(11)环保机械：水污染防治设备、大气污染防治设备、固体废物处理设备等。

(12)其他机械：如特种设备。特种设备是指涉及生命安全、危险性较大的锅炉、压力容器(含气瓶)、压力管道、电梯、起重机械、客运索道、大型游乐设施、场(厂)内专用机动车辆。特种设备包括其所用的材料、附属的安全附件、安全保护装置和与安全保护装置相关的设施。

2.1　金属切削机床润滑故障与改进

金属切削机床是用切削、磨削或特种加工方法将金属毛坯（或半成品）的多余金属去除，使之获得所要求的几何形状、尺寸精度和表面质量的机械零件的一种机器，又称为"工作母机"或"工具机"。金属切削机床是使用最广泛、数量最多的机床类别。金属切削机床分类方法很多，最常用的分类方法是按机床的加工性质和所用刀具来分类；此外还可以根据机床万能性程度、机床工作精度、重量和尺寸、机床主要部件数目、自动化程度等进行分类。金属切削机床行业资产规模在机床各子行业中居第一位，远高于其他各类子行业。

2.1.1　CW6140A 车床润滑油过早发黑

某厂有沈阳产多台 CW6140A 车床（图 2.1），在运行中产生：①润滑油过早变黑（清洗换油后不到一个月运行时就变黑）；②主轴箱油温太高（在室温 25℃时油温达 42℃以上）。

图 2.1　CW6140A 车床

分析与改进：

在排除了机械方面问题后，发现原机床使用 46#机械油黏度太高，特别是冬天的上海多数车间无空调，油品内摩擦大、能耗高是导致油品变黑的直接原因，机床润滑图表上规定 50 天换油一次，但一个月左右有时油色就会变黑。改用抗磨性相同（P_b=50kg）的 15#机械油，运行中内摩擦下降，片状离合器散热较佳，则油温低，油品变质期延长到 6 个月以上，且油品不易变黑。

2.1.2　C620-1 车床走刀箱罗通机构处润滑事故

　　C620-1 车床(图 2.2)是经典的卧式车床机型,具有刚性好、经济耐用、效率高、价格低等优点,同时具有较宽的进给量范围和螺纹加工范围,具有较广泛的万能性,能进行粗、精加工,适用于不同行业各种类型的机械加工及修理车间。该车床适合用于各种车削工作,如车削内外圆柱面、圆锥面、端面及其他旋转面,车削公制、英制、模数、径节等各种螺纹,并能进行钻孔、铰孔和拉削油槽、键槽等工作。该车床由电机带动,全部采用机械传动,主轴箱润滑油由油泵供给,其余润滑部位每日要进行加油润滑。某厂一个车间曾在一个月内同时有二台 C620-1 机床罗通机构发生润滑事故,造成齿轮损坏、花键轴扭曲、轴承碎裂。

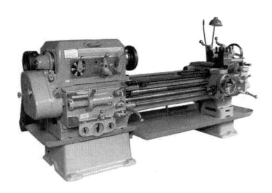

图 2.2　C620-1 车床

分析与改进：

　　经观察是由于操作者不懂润滑方法造成的。要他们一定按照规定,将罗通手柄放在 1 位置,从大油孔加油,才能使罗通结构内的小油池不断油,才能避免润滑事故。

2.1.3　C620-1 车床主轴变速箱润滑油起泡、主轴温升高

　　C620-1 车床车头主轴箱内润滑油起泡沫、示油窗来油太少、油温过高且有渗油现象。

　　该机床按说明书规定加 12kg68#机械油于车头箱内,当主轴转速在 1200r/min 运转不久,因车头箱内片式离合器及大批齿轮高速转动使润滑油起泡、温升高、渗

漏等，导致车头箱换油周期短（仅 50 天）、添油频繁，主轴温升过高时造成车头中心线抬高，加工出的长轴零件变锥形，不能满足工艺要求等。

改进方法：

(1)降低油品黏度，原用 68#可改为 32#或更低。

(2)打开箱盖检查润滑油泵吸油管是否有松动、漏气及油位过低导致粗滤网外露而出现吸空现象。

(3)查看摩擦片的松紧是否合适、上部的润滑油"沐浴"是否充沛及冷却效果是否合适。

(4)在箱盖顶部加装透气孔，以降低主轴油箱温度。

2.1.4　C616 车床主轴变速齿轮箱的润滑事故

C616 车床（图 2.3）的床身最大回转直径 320mm，刀架上回转直径 175mm，主轴通孔直径 30mm，主轴转速范围 45～1980r/min，主电机功率 4kW。其主轴变速箱安装在床身底部的地面，又有刀门挡住，为此这类机床主变速箱的断油、漏油、噪声均不易发现，一旦发现已经晚了，有时变速齿轮被打坏。

图 2.3　C616 车床

分析与改进：

原因是多方面的：有操作者责任性不强不停车变速，油位降低了也不易发现，用油黏度 32#太低了也无人管，加上有的无刹车机构，操作者往往用倒车当刹车，对变速齿轮冲击太大等不利因素造成。

改进方法：

(1)提高油品黏度，从原 32#改为 68#，最好加些抗磨添加剂。

(2)在箱体外加装主轴刹车机构，防止用倒车来刹车，这样可大大降低齿轮的冲击载荷。

(3)经常检查主轴变速齿轮箱的油位高低、渗漏情况。

(4)将齿轮箱移装到体外，不过这样占地面积就大了。

2.1.5　SV18R 车床主轴润滑事故

从捷克引进的 SV18R 高速普通车床，其车头转速高达 2800r/min，且主轴又是配滑动轴承，间隙小（小于 0.04 mm），故对润滑油要求较高。有年冬天，机修工在大修后的主轴润滑部位加一些 32#机械油，结果一开车，马上出现"抱轴"转不动了。

分析与改进：

由于这台机床是刚经过大修，主轴铜套均是新加工过的，它实际上还处在"跑合期"，加上又是严冬季节，32#油的黏度对这台机床已属高黏度，油液不易及时进入滑动轴承里所致。为此，将原油箱内 4kg32#机油放掉并清洗油箱，改用 15#机油（主轴油）进行低速挡磨合试车，过一段时间磨合好了再放净机油，添上新的 15#主轴油即可。

2.1.6　大型车床走刀箱润滑事故

C650 车床主要组成部件有主轴箱、进给箱、溜板箱、刀架、尾架、光杠、丝杠和床身。C650 车床通过电器设备控制液压系统，再由液压系统操纵离合器、刹车器，以控制主轴的正转、反转和停止运动。某厂有台沈阳一机床生产的 C650 大型车床的走刀箱突然出润滑事故，还把罗通手柄铁铸件也打坏了。经分析知是操作者未及时对走刀箱顶部小油池加油造成，通向各摩擦副的 16 根引油绒线也是干的，说明操作者根本不知道此处需每班加油润滑，结果导致齿轮打坏，轴承裂开、罗通机构断裂的恶劣事故发生。

改进方法：

(1)加强对机床操作者润滑知识的宣传教育，做到先加油后开车；

(2)每天由该区域负责机修的工人进行督促执行；

(3)润滑工要定期检查，发现罗通机构引油线短缺时应马上补齐。

2.1.7　单轴自动车床减速齿轮箱润滑事故

某厂一台 C136 型单轴自动车床减速齿轮箱于某年夏天突然出了严重润滑事故：齿箱内见不到润滑油，却见到大量磨损下来的金属粉末。

经现场仔细寻找原因，发现该机床齿箱的输出轴处密封装置全失效，导致齿箱内 5kg 机油全部漏光，且该齿箱安装在床身内部，不易发现它的断油，且无断油报警装置。

改进方法：

(1)加强平时检查，发现可疑之处及时抢修。

(2)加装最低油位报警装置。

2.1.8　多轴自动车床润滑事故

沈阳三机床生产的 C25-4 型四轴自动车床及 C2150-6D 型六轴自动车床存在两大润滑问题：一是冬季低温时电磁离合器动作失灵而停产；二是切削油与润滑系统用油相混合。

分析：

电磁离合器因摩擦片脱不开而失灵，是因为采用 32#机械油，黏温性太差，该油在冬季低温时黏度高，导致摩擦片粘在一起无法脱开。第二个问题是机床设计问题，它的 40kg 润滑油在开车不到几小时就被油泵吸空，这些润滑油应回到润滑油箱，结果全部跑到切削油箱(容量 400kg)，为此造成润滑油箱不断添加润滑油，结果还是处于经常缺油的状态，而切削油箱的油却越来越多。机床使用者有时在隔板上打几个孔，促使两个油箱互通，但这样润滑油被切削油严重污染，导致这类机床的轴承等摩擦副磨损严重，修理成本非常高。

改进方法：

这类机床冬天电磁离合器脱不开，应选用高质量的黏度指数高的润滑油，如在冬天用低黏度 15#主轴油；在机床设计时考虑到两箱直接打通对于润滑油系统被污染，可加装滤油器，多道过滤后才进入摩擦副；取消切削油箱，采用准干切削装置(MQL)；采用适合切削-润滑的两用油。

2.1.9　车床挂轮箱润滑事故

C630 车床在某厂因操作者缺少润滑知识，导致挂轮箱过桥齿轮内孔与固定轴间因断油而"咬刹"事故，并造成铸铁挂脚(扇子板)碎裂的严重事故。

C618、C620、C640、C650 等普通车床中均发生过类似事故，主要原因是操作者对机床机构不熟悉、不重视挂轮箱的润滑。

改进方法：

(1)加强对操作者宣传，要求每周至少打开挂轮箱一次，对过桥轴黄油杯旋紧 2 牙进行润滑，若已旋到底，则及时添加新脂。

(2)选用 3#二硫化钼锂基脂代替普通工业脂。

(3)把挂轮箱铸铁盖及螺丝拧紧方式改装为铁皮罩盖式，并装"活页"，便于操作者打开进行润滑。

(4)有条件时加装"剖玛"自动给脂装置。

2.1.10　C616 车床车头箱漏油

C616 车头箱容量虽不大，但漏油问题却较严重，有的一年要漏掉 50kg 以上，还污染环境。由于机床不大，有些单位安装在楼上，漏下的机油导致楼板松散报废。且要及时添加润滑油，否则会出现润滑事故。

分析与改进：

这类机床在我国数量非常多，漏油现象非常普遍，要彻底解决它确实不易。较理想的方法是不用液体油，而用二硫化钼固体润滑剂。这样，漏油问题彻底解决，一些原来的油标、油管、甩油盘等润滑装置也可拆除。

2.1.11　多刀车尾架套筒严重拉研事故

C730-1 多刀半自动车床主要用来加工各种台阶轴类零件，装上专用的卡盘适用于盘形零件及轴承环等零件的加工。某厂有台 C730-1 多刀半自动车床，其尾架套筒突然发生严重"拉研"事故，还在结合面产生不少"拉研"下来的铁末。

经现场查看，发现该机床尾架套筒原设计的加油孔不见了、尾架顶针驱动由原来的手动改为压缩空气驱动，且控制气缸的开关安装在这个加油孔上，致使操作者无法加油润滑，套筒在快速的往复运动中变成干摩擦而出现严重"拉毛"事故。

改进方法：

移走那只手动开关座，多刀车尾架套筒上部的进油孔要求每班注油。

2.1.12　液压仿型车尾套筒的拉毛事故

CE7120 仿型车床主要用于加工一些特殊形状的毛坯及精加工，车床灵活且稳定，整机机械部分采用液压传动装置。有台 CE7120 仿型车床的尾架套筒液压驱动，往复次数多且速度快，但润滑套筒的弹簧盖式油杯却失灵而导致拉毛严重。

据现场查看发现原设计尾架顶部配有高出顶面 50mm 的大油杯，该机床是专门加工柴油机凸轮轴，在右上方刀架变换方位时早把油杯打坏了，油杯里已不存油，却进入了不少铁末，这样造成了这次润滑事故。

改进方法：

(1) 更换小型油杯，不能高出尾架顶面 25mm。

(2) 加强对操作者润滑工作重要性的教育，每班要对这个油杯注油几次。

(3) 将油杯孔的位置向右移动一定距离。

2.1.13　数控机床主轴承温度过高

数控机床(图 2.4)是现代制造业的基础装备，是装备制造业的工作母机，在制造业转型升级过程中发挥着重要作用，其加工精度对制造水平影响较大，数控机床技术水平的高低代表了一个国家制造业的发展水平。数控机床是一种装有程序控制系统的自动化机床，控制系统能够逻辑地处理具有控制编码或其他符号指令规定的程序，并将其译码，用代码化的数字表示，通过信息载体输入数控装置。经运算处理由数控装置发出各种控制信号，控制机床的动作，按图纸要求的形状和尺寸，自动地将零件加工出来。数控机床较好地解决了复杂、精密、小批量、多品种的零件加工问题，是一种柔性的、高效能的自动化机床，代表了现代机床控制技术的发展方向。数控机床作为复杂的机电液系统，它既不像电子产品和机械结构产品那样已经具备了相对成熟的可靠性理论与技术，也不像航空航天产品和武器装备那样已经形成了比较完整的可靠性技术体系，国内数控机床可靠性技术研究工作起步较晚，涉足的机构和研究人员较少，技术积累薄弱，正处于发展阶段。

　　数控机床主轴转速比普通机床提高 5～20 倍，因此主轴温升快、温度高。每当数控机床主轴在高速运转时温升过高时，不懂润滑技术的人总是采用"一吹、二冷、三改造"方法，即用压缩空气或电扇吹，二是通水管冷却，三是加装空调机冷却机油或扩大油箱容量等，更多的改造是将滚动轴承改为滑动轴承、静压轴承，促使润滑装置越来越复杂。

图 2.4　数控机床

改进方法：

　　若用普通润滑脂润滑 10000r/min 的数控机床主轴滚动轴承，难度确实大，但若用高速合成润滑脂如 7011、7018 却完全能胜任。

2.1.14　数控机床滚珠丝杆严重磨损

故障案例：

　　有台 GSK980TD 型数控机床，在实际使用中，突然发现加工精度有波动，不能符合加工工艺要求。

分析：

　　在排查了伺服电机等均无故障后，只能停机拆卸解体，结果发现滚珠丝杆内滚珠早已严重磨损，导致了加工精度的波动。今后应严格做好滚珠丝杆的润滑工作。

2.1.15　大型加工中心主轴突然停转

故障案例：

　　有台德国进口大型加工中心（SOLON-3 型），使用两年左右，一天在未停电的情况下主轴突然停转，且再也无法启动。

分析：

机械、电气、空调、润滑四位工程师赴现场会诊，结果电气、机械、空调三位工程师查不出故障真正原因，润滑工程师认为，既然数控机床主轴在高速运转时突然因油温过高报警，连锁装置起作用才造成停机，那么原因在于为润滑带走热量的空调机，虽然空调机主电机无故障，但很可能空调机进风口被大量尘埃堵死而产生进风不畅。

改进方法：

只要将该机床空调机进风罩上大量尘埃清除，空调机马上就正常工作了，主轴润滑油也降温了，连锁装置也被打开，机床主轴又正常运转了。

2.1.16　数控凸轮磨床乳化液泵定位套润滑事故

故障案例：

有台从日本引进的数控凸轮磨床，它的乳化液专用柱塞泵的活塞杆与套筒间的润滑配有两只"剖玛"自动加脂杯，由于属二手设备，无使用说明书，这样缺少"剖玛"脂杯应用知识，开车运行后没有把顶部起动螺钉拧断打开，因它不工作，故而造成断脂，多次烧伤轴套，这是不该出的润滑事故。

改进方法：

开动乳化液泵前，首先要用启子(或粗的 4mm 铁丝)插入"剖玛"顶部红色洋眼圈内，按顺时针方向用力拧紧这只塑料螺钉，直至洋眼圈被拧断，表示"剖玛"装置开始工作了。工作一年左右，当"剖玛"下部锥形透明塑料显示四个点时，说明"剖玛"里面的润滑脂已用完，需要更换新的"剖玛"。

2.1.17　超大型数控立车静压导经常故障问题

故障案例：

某厂有台加工直径达 20m 的数控超大型立车，由于静压导轨大油箱污染控制工作欠佳，导致滤油器易堵死，停车报警装置频发等严重问题。数控机床的静压导轨用油对污染度特别敏感，出现上述报警停机事件是常见事，控制好静压大油箱的(容量达 7t，牌号是 46#)油液清洁是关键。

改进方法：

在这个 7t 大油箱上加装一只离心浮动式油液去污机，使静压导轨油箱多一道过滤装置，因它可将小于 1um 的颗粒清除，便可起到理想效果。实践证明此方案行之有效。

2.1.18　数控镗铣床静压导轨爬行

故障案例：

某厂有台数控落地式镗铣床（镗杆 $\Phi160$），它的主轴作水平方向移动，导轨是静压导轨，但在使用不久后便产生了严重爬行现象，直接导致加工精度下降。

分析：

理论上，静压导轨是不会爬行的，但实际使用中，这类机床导轨常见爬行现象，主要原因是在润滑油的清洁方面。打开机床发现导轨静压系统的润滑油箱进入大量的冷却液（水剂），润滑功能大大下降，因此造成了静压导轨的爬行。

改进方法：

(1) 更换静压导轨用润滑油箱并彻底清洗干净。

(2) 防止乳化液再次进入润滑油箱，彻底根治机床漏水问题。

(3) 确实无法阻止水剂冷却液进入润滑油箱时只能采用抗水液压油来替代原来液压油，这样如再发生水剂切削液进入导轨油箱时，会自动沉入油箱底部而不再混入乳化润滑油，只要定期把油箱底部水放净即可。

(4) 去除水剂切削液，采用准干切削装置就不存在被水污染问题了。

2.1.19　T615 落地镗床移动导轨产生严重拉毛事故

故障案例：

某厂有台武汉产 T615 落地镗床（图 2.5），有次镗头立柱滑座移动导轨产生严重拉毛事故，停产很长时间才修复。经现场查看知，这台机床仅镗头立柱就数十吨，在导轨上作低速水平移动时不但易产生爬行，且因用 32# 机械油的油膜强度低、承载能力小，易导致油膜破裂造成导轨二金属面直接干摩擦，是造成这次严重拉毛事故的原因。

图 2.5　落地镗床

改进方法：

将 32#机械油改为 100#导轨油后，在以后的长时间使用中再未发生过类似事故。

2.1.20　SF500 立式镗床的润滑故障

故障案例：

某厂从德国进口的 SF500 立式镗床，经常发生夏季高温时，在中午因油品黏度太小易泄露，产生液压进刀过快而使加工的发动机汽缸内孔粗糙度达不到工艺要求，为了维持生产，只好对液压油箱用电扇吹，或用压缩空气吹冷降温。

分析与改进：

从现场分析看这是典型的 40#液压油，因其黏度指数太低所致。根治这一润滑问题的策略是提高油品的黏度指数，如选用高黏度指数的合成液压油。

2.1.21　T720-1 金刚镗床导轨爬行事故

国产的昆明 T720-1 金刚镗床在台面作水平进给时易发生爬行，直接影响到产品加工精度。这台高精度孔加工机床在作水平方向进刀时速度低，极易产生导轨爬行，虽当时用的是 46#导轨油，但抗爬性还不能胜任。

改进方法：

在原导轨油中加些抗爬添加剂即可（当时补加了少量二硫化钼就不再爬行了）。

2.1.22　T68 镗床工作台爬行问题

T68 镗床（图 2.6）具有通用和万能性，适应加工精度较高，或孔距要求较精确的中小型零件，可以镗孔、钻孔、扩孔、铰孔和铣削平面，以及车内螺纹等。平盘滑块能作径向进给，可以加工较大尺寸的孔和平面，在平旋盘上装端面铣刀，可以铣削大平面。T68 镗床规格：主轴直径 85mm；主轴孔锥度莫氏 5 号；主轴最大行程 600mm；平旋盘径向刀架最大行程 170mm；最大经济镗孔直径 240mm；工作台可承受最大质量 2000kg；主轴中心线到工作台面最大距离 800mm；最小距离 30mm；主轴转速范围 20～1000r/min；平旋盘转速范围 10～200r/min；主轴每转时主轴进给量范围 0.05～1.6mm；平旋盘每转时径向刀架进给量范围 0.025～8mm；主轴每转时主轴箱工作台进给量范围 0.025～8mm；平旋盘每转时主轴箱和工作台进给量范围 0.05～16mm；工作台行程：纵向 1140mm；横向 850mm；工作台面积：1000mm×800mm；主轴快速移动 4.8m/min；主轴箱及工作台快速移动 2.4m/min。某厂有台 T68 镗床，在试用期发生工作台作水平移动时，产生严重爬行问题。

图 2.6　T68 镗床

分析与改进：

在跑合期，低速进刀时产生爬行是很难以避免的，为此只能在导轨油方面作改进。在原导轨润滑油中补加些抗磨添加剂，即可避免爬行。

2.1.23　Φ206 镗排轴套温升太快且噪声太大问题

故障案例：

某厂有台加工上万马力柴油机机体的专用镗床的Φ206 镗排，在新机调试时，发生镗排轴套温升太快且噪声太大问题。

分析与改进：

该专用镗床是新制造，镗排与定位套间的摩擦属于早期磨损阶段，极易产生高温与噪声，再加上用的是普通 3#钙基脂更不能胜任。改用 3#二硫化钼锂基脂后，上述问题基本解决。

2.1.24　Z3080 摇臂钻床主轴变速箱的润滑故障

Z3080 摇臂钻床(图 2.7)采用液压预选变速，主轴箱、摇臂、立柱均由液压夹紧；主轴正反转、停车(制动)、空档用一个手柄操作，用来钻孔、扩孔、锪平面、铰孔、攻螺纹、镗孔，具有性能完善、使用安全可靠、方便、易于维修，精度高、刚性好、寿命长等优点，广泛适用于机械加工各部门。Z3080 摇臂钻床参数见表 2.1。

图 2.7　Z3080 摇臂钻

表 2.1　Z3080 摇臂钻床参数

Z3080 摇臂钻床参数项目	Z3080×25A	Z3080×20A
钻孔最大直径/mm	80	80
主轴端面至工作台距离/mm	550～1600	550～1600
主轴中心至立柱母线距离/mm	500～2500	450～2000
主轴行程/mm	400	400
主轴锥孔锥度	莫氏 6 号	莫氏 6 号
主轴转速范围/(r/min)	20～1600	20～1600

续表

Z3080 摇臂钻床参数项目	Z3080×25A	Z3080×20A
主轴转速级数	16 级	16 级
主轴进给量范围/(mm/r)	0.04～3.2	0.04～3.2
主轴进给量级数	16 级	16 级
摇臂回转角度	360°	360°
主电机功率/kW	7.5	7.5
升降电机功率/kW	1.5	1.5
机床重量/kg	11000	9000
外形尺寸/mm	3500×1450×3300	2980×1250×3300

故障案例：

某石油机械厂仅有的一台 Z3080 大型摇臂钻，每当夏天高温季节时，该机床只能在上午 10 时前工作，10 时后因气温上升，机床主轴箱液压变速失灵，只得停产。

分析与改进：

液压变速是在气温升高时油品黏度下降而产生内泄漏，致使液压系统压力下降所致。只要在该机床主轴箱液压油（约 10kg 容量）中，加入 10% 的黏度指数改进剂，提高它的黏温性后该机床马上恢复正常工作了。

2.1.25　摇臂钻床升降丝杆噪声问题

一些新摇臂钻床（如国产 Z3050、Z3080 及捷克进口的 VR4、VR6、VR8、日本进口的 HOR-1700、匈牙利的"却贝尔" RFH100 等）或者摇臂钻床在投产前的试车过程中，往往发生相同故障：横梁升降丝杆上升时有噪声问题，也有的上下均有噪声。

分析与改进：

这确是机床设计和维修方面的一个难题，有人从机械上作改进，如改装成滚珠丝杆、甚至静压丝杆，这增加了机床成本，也增加了机床的附属装置。但从润滑方面改进却是轻而易举的事。只要在原升降丝杆与螺母间涂一些极压油膏（如二硫化钼），可得到立竿见影的效果。

2.1.26　立式 Z535 钻床主轴箱的漏油问题

Z535 立式钻床（图 2.8）可用于钻孔、铰孔、锪端面、钻沉头孔、镗孔、攻丝等工作。主轴攻丝自动反转以及微动进给，用于盲孔和定深孔极为方便。该机床效率高、刚性好、精度高、噪声低、变速范围广、操作集中、使用维修方便。其主要参数：最大钻孔直径 35mm，最大进给抗力 16000N，主轴允许最大扭矩 400N•m，主轴锥度莫氏 4 号，主轴中心线至导轨面距离 300mm，主轴行程 225mm，主轴箱行程 200mm，主轴转速（9 级）68～1100r/min，进给量 11 级 0.11～1.60mm/r，工作台行程 325mm，工作台工作面尺寸 450m×500m，主轴端面至工作台面最大距离 750mm，主电机功率 4kW，冷却泵流量 25L/min。

图 2.8　Z535 立式钻床

　　Z535 立式钻床主轴变速箱底部花键轴处漏油问题非常普遍，且在主轴旋转时往往会将漏下油滴甩到操作者头上。该处漏点是典型动密封防漏较困难。

分析：

前人在这个漏点想过不少办法，但均不理想，说明用一般的防漏措施解决不了这个难题。

改进方法：

不用液体润滑油而改用固体润滑。

把齿轮箱打开，每只齿轮及拨叉等摩擦件进行：①清洗；②喷砂处理；③涂二硫化钼干膜；④加热保温。最后装配时，对所有滚动轴承及其他所有有摩擦的接触部位涂一些二硫化钼锂基脂。把原有的油泵、油管、分油器、滤油网等润滑装置全部拆除。

2.1.27　折叠式攻丝机主电机烧坏问题

折叠式攻丝机工作时有个特点，因主电机每分钟倒、顺车多次，导致电机线圈发热，并很快将热量传到电机轴承，使轴承润滑脂产生流失甚至烧坏电机而停产，几乎每 1～2 月就要停产抢修一次。

分析：

电机倒顺车太频繁，加上轴承润滑脂抗剪切性及耐高温性差，是导致润滑事故的主要原因，为此应提高轴承润滑脂质量。

改进方法：

(1)加装两台电机，一台电机负责开倒车，另一台电机负责开顺车；

(2)把原电机滚动轴承润滑脂清理干净后，换上合适的合成脂(如 7011)。

第二种方法比第一种方法简单可靠。

2.1.28　"秋丁"磨床工作台低速运动产生爬行现象

故障案例：

某厂从瑞士进口的一台高精度"秋丁"磨床，型号是 HTG-400，在安装调试时发现工作台低速运动时有明显爬行现象。

改进方法：

刚开始大家认为是台面负荷不均匀所致，为此将磨床台面上车头箱及尾架全卸下，但工作台仍爬行，最后连工作台也拆除仅活塞杆在作运动时也爬行。这可能是活塞杆皮碗与液压缸内壁摩擦产生的爬行。只要将活塞杆皮碗从油缸中抽出，在皮碗上加些二硫化钼，再装配时就无爬行现象了。

2.1.29　M1432A 万能磨床内圆磨具的润滑问题

故障案例：

某厂有台 M1432A 万能磨床(图 2.9)，其内圆磨具因转速高达 14000r/min 以上，使用普通 2#低温锂基脂开车不久，滚动轴承处发烫，有时还烧坏轴承。

图 2.9　M1432A 万能磨床

分析与改进：

这是选用润滑脂不当所致。在排除了机械方面原因外，对原低温脂中加几滴抗磨添加剂就会降些温，如改用合适的合成润滑脂代替原润滑脂效果会更好。

2.1.30　M1450 大型磨床砂轮修正火花不均匀

M1450 型万能外圆磨床（图 2.10）头架主轴采用滑动轴承结构，前轴承间隙可调，以适应顶尖或卡盘磨削的需要，头架可在逆时针 90°范围内任意角度调整，以适应卡盘磨削内、外圆锥形工件。M1450 型万能外圆磨床具有内圆磨削部件，内磨主轴采用滚动轴承支承，通过更换皮带轮可获得四种转速，以磨削不同直径的内孔。M1450 型万能外圆磨床适用于圆柱或圆锥形回转体工件的外圆或内孔表面的磨削。M1450 大型磨床的主要参数见表 2.2。

图 2.10　大型外圆磨床 M1450

表 2.2　M1450 大型磨床主要参数

主要参数		M1450×2000	M1450×2500	M1450×3000
中心高/mm		270	270	270
顶尖距/mm		2000	2500	3000
最大工件回转直径/mm		500	500	500
最大磨削长度/mm		2000	2500	3000
外圆磨削范围/mm		30～500	30～500	30～500
内圆磨削范围/mm		50～250	50～250	50～250
可磨工件最大重量/kg		1000	1000	1000
砂轮	尺寸	750×75×305（外径×宽×内径）		
	最大线速度	35　m/sec		
工作台回转角度	顺时针/(°)	2	2	2
	逆时针/(°)	4	4	4
主轴锥孔莫氏圆锥号	头架	6	6	6
	尾架	6	6	6
机床电机总功率/kW		19.48	19.48	19.48

故障案例：

某厂有一年夏天对 M1450 大型磨床的外圆磨头砂轮作修正（打砂轮）工作，发现砂轮的火花时有时无，即火花不均匀，这将直接影响这台大型磨床的加工精度。

分析与改进：

用金刚头打砂轮时一般用小进给（约 0.015mm）即可出现火花，有时无火花说主轴承的润滑油膜承载能力小而产生了边界润滑。金刚石修正器与砂轮之间的径向力传到磨床的主轴轴承，当径向力超过轴承油膜强度造成油膜破裂后，则主轴在轴瓦内波动严重，造成火花不均匀。在原主轴轴承油中加一些抗磨添加剂即可，如 5%"万灵霜"或"倍力"及其他抗磨添加剂。

2.1.31　MBA1632/1 端面磨床动静压轴承抱轴事故

运转的机器由于某种原因，造成轴与轴套或轴承卡在一起而不能转动了，俗称"抱轴"。引起抱轴的主要原因有：

（1）间隙或游隙不合适。

（2）缺油或油中有杂质。

（3）冷却水断等造成轴瓦温度过高、过热膨胀将轴抱死。

（4）外部原因有长时间气蚀或气缚、转子弯曲或不平衡。

故障案例：

某厂在对 MBA1632/1 端面磨床改装成动静压轴承后的试车中几次发生抱轴事故，据现场分析是 3#主轴油质量不好所致。

改进方法：

由于当时买不到高质量的主轴油，就在原 3#主轴油中添加 5%抗磨添加剂，轴承抱轴事故不再发生。

2.1.32　MGB1420 高精度磨床导轨爬行

机床的爬行是指机床的运动部件在低速或重载的情况下，出现的时快时慢或时走时停的运动不均匀的现象，是一种较常见而不正常的运动状态。爬行的位移波动量一般在几个微米到零点几毫米范围内，爬行的频率一般不超过数十赫兹。机床出现爬行时，将严重影响加工工件的表面加工质量、表面粗糙度，尤其是对于高精度机床和重型机床如坐标镗床、数控机床、大型滚齿机和落地镗床等，机床爬行还会造成摩擦副加速磨损，影响机床的加工精度，缩短刀具的使用寿命。机床导轨爬行严重时，甚至使机床丧失加工能力，危害很大。因此，消除机床导轨爬行是精密机床及重型机床必须解决的问题。

机床导轨出现爬行现象，其影响的因素是多方面的，如机床导轨运行的环境、工作的各种参数等，都可能引起导轨爬行现象。实际工作中要根据不同的原因，采用相对应的防治维修措施，使防爬行工作获得良好效果，从而使机床稳定持续地安全运行而获得最大的工作效益。

故障案例：

某厂有台安装在恒温室里的高精度磨床 MGB1420，在对砂轮修正时，需工作台面作低速运动，但这时往往会产生导轨爬行，从而导致加工高压油泵座面专用套的端面尺寸难以控制，并使其表面粗糙度值达不到工艺要求。

分析与改进：

该机床在低速运动时产生爬行，说明原导轨油的抗爬性能差，需改进导轨油的抗爬性。在原导轨油里添加些抗磨剂后，爬行现象消失了。

2.1.33　捷克磨床主轴卸荷装置漏油

从捷克进口的 1u/400 万能磨床外圆磨头，其主轴卸荷装置的法兰盖处易漏油且不易修复，还污染环境。

分析与改进：

该卸荷装置属动密封，主轴油侵入橡胶密封圈后易老化失效。在该动密封处改用密封、润滑两用脂 7903 后，这个卸荷装置不再漏油了。

2.1.34　M7130 平面磨床润滑事故

M7130（图 2.11）与 M7120 两种平面磨床，易出如下故障：

（1）水平导轨易爬行、拉毛；

（2）M7120 平面磨头主轴，用双速电机只能开低速挡（1500r/min）工作，若想开高速挡（3000r/min），则出现开车不久便闷车停转故障。

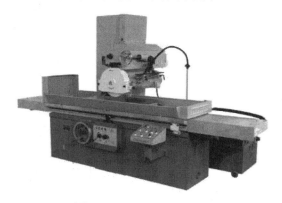

图 2.11　M7130 平面磨床

分析与改进：

这类平面磨头产生导轨润滑条件恶化，主要是下列原因：

（1）水剂切削液进入导轨中，降低了原润滑油的功能；

（2）未选用液压导轨油；

（3）通向 V 型及平导轨的分油器针阀拧得太紧，导致进入导轨里的润滑油太少。

无法开双速电机的高速挡，也是由于润滑剂的功能欠佳。因此要做好防水工作，减少水剂切削液入侵导轨。由于该机床导轨与液压系统均共用一只油箱，因此要选用液导油才行。双速电机轴承润滑油里添加些抗磨添加剂。

2.1.35　M4216 珩磨机液压油箱的故障

珩磨是一种摩擦切削工艺。珩磨机是通过对珩磨头的伸缩控制完成对工件表面的加工，实现对工件尺寸、圆整度、直线度和表面粗糙度的要求。珩磨是一种精密加工方法，现主要用在汽车工业、工程机械和航空工业等制造业中珩磨工件内孔，如珩磨技术已成为发动机气缸套、汽缸体孔以及工程机械中重要的液压缸等精密偶件孔加工必不可少的工艺技术。珩磨是利用安装于珩磨头圆周上的一条或多条油石，由涨开机构（有旋转式和推进式两种）将油石沿径向涨开，使其压向工件孔壁，以便产生一定的面接触，同时使珩磨头旋转和往复运动而零件不动，或珩磨头只作旋转运动，工件往复运动而实现珩磨。珩磨机有立式和卧式两种。

故障案例：

某厂有台 M4216 型珩磨机床，每当在夏季高温季节，油箱的温度达 55℃以上。由于长期在高温下工作，机床床身处油漆起泡脱落，大量油雾从床身液压箱里冒出。导致液压动作失灵、换油周期短等一系列润滑问题。

分析与改进：

常规办法是用"一吹、二冷、三改造"进行降低油箱温度，即：①吹气冷却；②通水管带走热量；③加大液压油箱。这些方法属治标不治本的下策，而上策是调动油品本身性能，从而降低液压油的内摩擦。

在原液压油箱（80kg）里添加 5%的抗磨添加剂，则液压油的内摩擦下降，油箱在同样工况下，温度明显下降，液压动作也正常了。

2.1.36　M612 工具磨床磨头滚动轴承寿命短

工具磨床是专门用于工具制造和刀具刃磨的磨床，有万能工具磨床（图 2.12）、钻头刃磨床、拉刀刃磨床、工具曲线磨床等，多用于工具制造厂和机械制造厂的工具车间。随着现代制造技术的发展，对高精度特型刀具的品种和数量的需求越来越大，刀具的刃形也越来越复杂，由于这类刀具刃形复杂，采用普通工具磨床和传统工艺方法来制造很难实现，为了适应复杂的生产要求，工具磨床从机械结构的传动配合控制到当今的 CNC 技术应用，从烦琐的刃形手工修磨到当今的五轴联动数控磨削。

图 2.12　万能工具磨床

M612 工具磨床的主轴转速高达 6000r/min，主要存在的问题是磨头滚动轴承寿命短，开机不到 2 小时，轴承便发烫，需要停机冷却一段时间后再开机。

改进方法：

将该工具磨主轴承原用普通 2#低温锂基脂更换成合适的合成润滑脂（如 7018 或 7007 合成脂），即可连续开机 8 小时而不停机工作。

2.1.37　M510 导轨磨床静压导轨爬行现象

故障案例：

某厂有台大型 M510 导轨磨床（图 2.13），有效加工导轨长可达 8m。其立柱移动导轨是有静压装置，但仍产生爬行现象。

分析与改进：

在排除了电气、机械甚至液压方面原因后，只能从润滑方面去分析和处理。在原静压导轨油箱加入 0.5%油酸后，则导轨爬行现象消失。

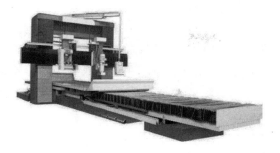

图 2.13　导轨磨床

2.1.38　M5212 导轨磨床爬行现象

故障案例：

某厂有台龙门式 M5212 导轨磨床的工作台与床身导轨接触处镶锒有尼龙板，使用时产生爬行现象，影响了加工表面粗糙度。

分析与改进：

工作台底锒有尼龙板从抗磨损角度是有益的，但它与下面铸铁导轨间的静摩擦系数大、启动阻力大是不利的，加之油膜强度低（当时用普通 68#机油）。为此提高油膜强度是关键。在原导轨用的 68#机油（当时称 40#机械油）中添加 4%硫化鲸鱼油就解决了。

2.1.39　M8230 曲轴磨床导轨爬行

曲轴磨床（图 2.14）用于汽车、拖拉机和柴油机制造厂和修理厂磨削发动机曲轴的曲柄颈与主轴颈。曲轴是发动机中最重要的部件，它承受连杆传来的力，并将其转变为转矩通过曲轴输出并驱动发动机上其他附件工作。某厂对一台 M8230 曲轴磨床进行调试过程，发现其工作台在低速运动时有严重的爬行问题，且加各种专用导轨油也无法消除爬行现象。

图 2.14　曲轴磨床

分析与改进：

该机床处于跑和期，故它的摩擦系数大、润滑条件苛刻，导致低速运动时产生爬行现象，这时应从润滑角度分析处理。在该机床原手拉泵小油箱里添加些二硫化钼后即可。

2.1.40　滚刀磨床液压动作冬季失灵

故障案例：

某厂有台 MG6425 高精度滚刀磨床（图 2.15），冬天早晨七点上班时液压动作失灵——它的液压分度机构失效，导致机床无法工作。但直到上午 10 时后当气温上升才逐渐恢复正常工作（图 2.16）。

图 2.15　滚刀磨床　　　　　　　　图 2.16　滚刀磨床工作过程

分析与改进：

这是由于该机床安装在无空调车间里，冬季温度较低，虽处于江南，但早晨也会降到 0℃ 以下，发生这种现象说明该机床选用的普通液压油的黏度指数偏低。改用 8# 液力传动油后，这种现象就消失了。这是因为后者的黏度指数比前者高 1 倍多。

2.1.41　M7140 大型平面磨床液压油变质

M7140 大型平面磨床（图 2.17）在生产过程中非常容易造成肥皂水进入液压箱，导致液压油变质、乳化、起泡等。大大缩短了换油周期，由原 6～12 月更换一次油，现缩短为仅 1～2 月更换一次。它的液压油箱较大（达数百公斤），这样大大增加了生产成本。

分析：

由于普通液压油含 6411 添加剂，这种物质极不耐水，一旦遇水，则油质急剧变劣、乳化。而对于拥有大量水基切削液的平面磨床要做到滴水不漏却是件难事，为此提高油品的抗水性能是关键。

图 2.17　M7140 平面磨床

改进方法：

(1) 严防油箱进水；

(2) 改用普通优质机械油(因不含 6411 添加剂)替代原液压油；

(3) 改用抗水性良好的汽轮机油(N32)。

2.1.42　MD215 内圆磨中频高速磨头故障

故障案例：

有几台无锡产 MD215 内圆磨床的中频高速电动内圆磨头为故障较多机床：温升高、寿命短、检修次数频繁，每年要更换 46205 型高精度轴承 2～3 套以上，其转速在 2.4 万 r/min 以上，过去选用的普通锂基脂不能胜任。

分析与改进：

该机在这样高速运转下，对润滑脂的抗剪切性能及耐温性能要求很高，用普通锂基脂难以胜任。

改用高速合成润滑脂替代后，磨头在同样工况下，由于 7018 脂抗剪切性强等优点，脂不易流，特别适用于高速轴承，寿命可延长 3～5 倍。现在该磨头可连续使用 2～3 年。生产效率提高了，受到操作者的好评。

2.1.43　BK5 万能磨床的内圆磨具润滑故障

捷克产的 BK5 万能磨床的内圆磨具转速高达 20000 r/min 时，内圆磨具经常发生噪声大、温升快、寿命短等故障。

分析与改进：

其所用 2#白色锂基脂是普通低温脂，抗剪性低，不能胜任这种工况。用合适的合成润滑脂代替原低温脂后，在同样的工况下，上述故障不再出现。

2.1.44 M/CT450/3000 型大型曲轴磨床导轨手轮过重

故障案例：

某厂有台从英国进口的丘吉尔公司产的 M/CT450/3000 型大型曲轴磨床，每当用手轮驱动工作台使其左右移动时，有感觉手摇过重的问题。

分析与改进：

工作台导轨用油泵供油，但由于台面自重较大(达 5 吨以上)，故驱动手轮时较重，需改善油性。

在原台面润滑油箱(约 65kg)里添加些抗磨添加剂后，在同样工况下，手轮摇动轻松多了，且从导轨用油的压力表上也可看到油压也上升了 50%左右。

2.1.45 磨床死顶尖的润滑

在磨削细长工件时，外圆磨床的死顶尖是保证磨削工作顺利进行的关键。死顶尖与工件间是滑动摩擦，且肥皂水易侵入，故其润滑条件苛刻。磨床死顶尖易出现的润滑故障是：中心孔易咬毛，从而烧伤死顶尖，有时导致死顶尖断裂，致工件飞出伤人事故。

分析与改进：

由于这对摩擦副看似很简单，磨床操作者往往随便加些黄油(3#工业脂)便开始工作，该脂抗磨性能差，且进入肥皂水后更不利于润滑。选用二硫化钼锂基(或铝基)脂效果好得多。此方案同样适应于车床上车削细长轴用的死顶尖。

2.1.46 外圆磨头主轴油箱漏油

故障案例：

有台 MB1420 万能磨床的外圆磨头，其主轴轴承是油浸式。原设计油位太高，主轴几乎全部在油平面以下，在接近皮带盘处，轴颈属动密封，再者主轴用的油黏度小(接近煤油)，易使橡胶密封件老化失效而产生漏油。

分析：

该外圆磨头的动密封处易漏油是常见现象，且原设计保守，把油位标定得太高也是不利因素。

改进方法：

(1)降低油位，只要磨头主轴最下部能浸着油即可，按此方法做，就能成功地消除漏油问题。

(2)为了保险起见，在降低原油位后，担心主轴轴承润滑不理想，可在原外圆磨头用的主轴油中添加些抗磨剂。

2.1.47　M115W 万能磨床工作台手轮过重

故障案例：

某厂有台 M115W 万能磨床，操作者是个体弱的女同志，该机床大修理后，工作台手轮变重，使她难以摇动了。

分析：

在排除了机械方面故障外，从润滑方面寻找原因。按以往经验知：大修后的台面导轨重新磨削过，属于早期跑合期的磨损阶段，其摩擦系数大、不易形成油膜、润滑条件苛刻等，最后集中表现在驱动台面的那只手轮操作太重。

改进方法：

为改善润滑条件，在原导轨用的机油中添加约 0.5%的油酸，则工作台手轮就变轻了许多，用弹簧秤拉动手轮时的启动力显示比未加添加剂前减少约 1/3。

2.1.48　磨床主轴箱内油漆脱落造成的润滑事故

故障案例：

某厂一个润滑工人，在对磨床主轴箱清洗换油时，用汽油作清洗剂(这是违章操作)，结果第二天磨床主轴开车时，便很快产生了抱轴事故，并将主轴拉毛。

分析：

虽然选用的主轴油不变，但由于把汽油当做清洗剂，汽油对油箱体内壁的油漆有溶解作用，导致箱体内壁的油漆松动后落入主轴油中，而后油漆随主轴油进入轴瓦内，造成了磨床主轴的抱轴事故。

2.1.49　Y7131 齿轮磨床润滑故障

故障案例：

某厂有台 Y7131 齿轮磨床，在加工齿轮时，齿面粗糙度值始终达不到工艺要求，通过电气、机械方面多次检修，仍得不到改进，后经分析认为是润滑方面的原因。

分析：

该机床磨头上、下运动的立导轨，由于选用了 46#普通机械油，其抗爬性差，造成砂轮作上、下往复运动时发生爬行现象，导致加工出的齿轮表面粗糙度值达不到工艺要求。

改进方法：

选用 68#导轨油替代原 46#机械油后，上述现象不再出现。

2.1.50　滚齿机分度蜗轮磨损问题

齿轮加工机床加工各种圆柱齿轮、锥齿轮及其他带齿零件齿部的机床。齿轮加工机床品种规格繁多，有加工几毫米直径齿轮的小型机床，也有加工十几米直径齿轮的大型机床，还有大量生产用高效机床加工精密齿轮的高精度机床。滚齿机是齿轮加工机床中应用最广泛的一种机床，在滚齿机上可切削直齿、斜齿圆柱齿轮（滚齿过程见图 2.18），还可加工蜗轮、链轮等。滚齿机使用特制的滚刀也能加工花键和链轮等特殊齿形的工件。滚齿机广泛应用于汽车、拖拉机、机床、工程机械、矿山机械、冶金机械、石油、仪表、飞机航天器等各种机械制造业。滚床工作台分度蜗轮是要求高、不易制造的一个零件，有的滚齿机（如 Y38）大修时常要更换这个零件，说明这个零件平时润滑欠佳，磨损严重。

图 2.18　滚齿过程示意图

分析与改进：

造成这种严重磨损的主要原因是对这部件的润滑不够重视，如随便使用 15#或 32#低黏度润滑油或污染的切削油入侵。

采取以下措施，可延长其寿命：

(1)适当提高蜗轮箱润滑油的黏度，如原用 15#、32#机油，现改为 N46#、N68#；

(2)在机油中加入一定量的油性添加剂；

(3)改进密封，严防切削液进入蜗轮箱。

(4)改用干式切削装置，这样分度涡轮就不受切削液的入侵了。

2.1.51　旋风铣床 FKD-30 润滑连锁装置打不开

铣床是一种用途广泛的机床，用铣刀对工件进行铣削加工。在铣床上可以加工平面(水平面、垂直面)、沟槽(键槽、T 形槽、燕尾槽等)、分齿零件(齿轮、花键轴、链轮)、螺旋形表面(螺纹、螺旋槽)及各种曲面。此外，还可用于对回转体表面、内孔加工及进行切断工作等。铣床在工作时，工件装在工作台上或分度头等附件上，铣刀旋转为主运动，辅以工作台或铣头的进给运动，工件即可获得所需的加工表面。由于是多刃断续切削，因而铣床的生产率较刨床高，在机械制造和修理部门得到广泛应用。

从德国进口的曲轴旋风铣床 FKD-30 型，在安装调试时因是二手设备，无机床制造厂的专家来现场指导，只能自行决定所用油品。安装的师傅对这台机床的润滑工作不重视，在导轨用油箱里加入了普通 68#导轨油，结果导致连锁装置打不开。

分析与改进：

机床打不开，无法启动，往往从电气、机械方面寻找原因，可经过寻找仍打不开，后来知道是润滑方面的原因。用 200#导轨油替代原 68#导轨油后，连锁装置能打开了。

2.1.52　X52K 立铣升降工作台噪声问题

X52K 北京立铣工作台升降时，丝杆有时会产生噪声，一时难于消除，特别表现在新机床调试及大修理后新丝杆与螺母间。只要一开动，上、下升降台就会有噪声。

分析与改进：

这是典型的跑合期的润滑问题，用一般的机油对摩擦副润滑是很难胜任的。有人曾经从机械上作改进，如改装成滚珠丝杆、甚至静压丝杆，这不仅增加机床的成本，也增加机床的附属装置，如果从润滑角度改进却是极简单的事：在原升降的丝杆与螺母间涂一些极压油膏(如二硫化钼)，便可得到显著的改进效果。

2.1.53　X62W 万能铣床立导轨拉毛

X62W 万能铣床的主轴锥孔可直接或通过附件安装各种圆柱铣刀、圆片铣刀、成形铣刀、端面铣刀等刀具，适于加工各种中、小型零件的平面、斜面、沟槽、孔、齿轮等。该机床具有足够的刚性和功率，能进行高速和承受重负荷的切削工作。适合模具特殊钢加工、矿山设备、产业设备等重型大型机械加工。万能铣床的工作台可向左、右各回转 45°，当工作台转动一定角度，采用分度头附件时，可以加工各种螺旋面，是机械制作、模具、仪器、仪表、汽车、摩托车等行业的理想加工设备。

故障案例：

某厂有台 X62W 铣床(图 2.19)，其工作台在立导轨上下升降时，右侧面立导轨易拉毛。

图 2.19　X62W 万能铣床

分析：

由于右侧面有塞铁，原设计无加油孔，故润滑条件差，由于载荷比正面立导轨大得多，且铁屑等异物易进入导轨，故导轨易出现拉毛事故。

改进方法：

(1)在塞铁顶部加装弹子油杯，并在塞铁上开小油槽；

(2)加装防护挡板或皮罩，防止铁屑等异物进入导轨面引起导轨拉伤。

2.1.54　油浸式万能铣升降丝杆的润滑事故

X52K 铣床工作台升降丝杆，采用油浸式升降丝杆。一般认为只要丝杆浸在油中，其运动时便不会产生噪声。但并非如此，我厂在一次大修后同样产生噪声。说明螺母与丝杆间的润滑条件苛刻，一般矿油无法胜任。

分析：

升降丝杆这对摩擦副属高负荷、低速度、又是滑动摩擦，因此润滑条件苛刻。特别是新机床及刚大修过的新更换件，因属跑合期，故更易产生噪声。

改进方法：

从润滑角度处理不难，只要在原小油池的润滑油中加些油酸等抗磨添加剂，或者直接在升降丝杆(升在最高时)上涂些二硫化钼油膏即可。

2.1.55　B2016 龙门刨进给箱超越离合器脱不开

龙门刨床(图 2.20)是具有门式框架和卧式长床身的刨床，龙门刨床主要用于刨削大型工件，也可在工作台上装夹多个零件同时加工，是工业的母机。龙门刨床的工作台带着工件通过门式框架作直线往复运动，空行程速度大于工作行程速度。横梁上一般装有两个垂直刀架，刀架滑座可在垂直面内回转一个角度，并可沿横梁作横向进给运动；刨刀可在刀架上作垂直或斜向进给运动；横梁可在两立柱上作上下调整。一般在两个立柱上还安装可沿立柱上下移动的侧刀架，以扩大加工范围。工作台回程时能机动抬刀，以免划伤工件表面。机床工作台的驱动可用发电机—电动机组或用可控硅直流调速方式，调速范围较大，在低速时也能获得较大的驱动力。传统的普通龙门刨床只能刨削平面、T 型槽、沟槽等零件表面。有的龙门刨床附有铣头和磨头，变型为龙门刨铣床和龙门刨铣磨床，工作台既可作快速的主运动，也可作慢速的进给运动，主要用于重型工件在一次安装中进行刨削、铣削和磨削平面等加工。

图 2.20 龙门刨床

故障案例：

有台 B2016 型龙门刨床，每当冬季低温季节来临后，其进给箱的润滑油，因黏指太低，导致油品黏度过高，造成进给箱内超越离合器脱不开而动作失灵，加些煤油后油品黏度降低，动作正常了。

分析与改进：

此方案虽能救急，但会产生副作用：齿轮箱内加入煤油后易生锈、易渗漏。合理方案是从提高油品自身质量进行，如用低黏度、高黏指油品加入该齿轮箱即可。如原用 48# 机械油改用 15# 液压油。

2.1.56 B115 单臂刨床横梁升降时的抖动现象

故障案例：

某厂有台大型机床 B115 单臂刨床（图 2.21），其升降丝杆运动时经常发生抖动现象。

图 2.21 单臂刨床

分析：

该机床横梁升降时有时会产生严重抖动现象，实际是润滑不良导致螺母产生爬行，这种现象较易发生在机床的跑合期。

改进方法：

若机床塞铁调整合理，则从润滑角度处理。即在该机床横梁升降丝杆处涂些二硫化钼油膏即可。

2.1.57　HOM-5G 龙刨床的润滑事故

故障案例：

某厂从日本引进一台 HOM-5G 龙刨新机床，在调试运行时便产生床身齿箱轴套发生严重咬轴事故。

分析：

该龙刨在安装调试时就产生严重抱轴润滑事故，与日方制造质量欠佳有关，当时日方到现场参加调试技术人员，也认为新机床跑合期的润滑工况较恶劣。再者油箱清洁度工作欠佳也是一个因素。

改进方法：

将原用普通 68# 机械油改用 68# 液压导轨油，并将原齿轮箱彻底清洗干净，更换和清洗油泵、滤油器等。经改进后，该机床在以后的长期运行中再未发生类似事故。

2.1.58　超重型机床 HZ3150/12000 的润滑问题

HZ3150/12000 德制龙刨，属超重型机床，虽按说明书要求可用 46# 机械油，但产生下列三个问题：

(1) 夏天黏度变低导致压力打不高，以至于台面浮不起；

(2) 冬天油太稠，回油慢且外溢漏油；

(3) 若冬、夏换两次油，浪费太大（每次 550kg，一般 1～2 年才换油一次）。

分析与改进：

造成这台机床出现这些润滑问题的主要原因是选用油品的黏度指数太低。将原用 46# 机械油改用 8# 液力传动油，由于它的黏指高达 200 以上，是原来油的数倍，故可一年四季通用而不用冬夏换二次油。

2.1.59　B665 牛头刨床润滑事故

滑枕带着刨刀，作直线往复运动的刨床，因滑枕前端的刀架形状似牛头因而被命名为牛头刨床。牛头刨床主要用于单件小批量生产中刨削中小型工件上的平面、成形面和沟槽。牛头刨床的特点是调整方便，但由于是单刃切削，而且切削速度低、回程时不工作，所以生产效率低。刨削精度一般为 IT9～IT7，表面粗糙度 Ra 为 6.3～3.2um，牛头刨床的主参数是最大刨削长度。与牛头刨床相比，龙门刨床主要加工大型工件或同时加工多个工件，从结构上看，其形体大、结构复杂，刚性好，从机床运动上看，龙门刨床的主运动是工作台的直线往复运动，而进给运动则是刨刀的横向或垂直间歇运动，这刚好与牛头刨床的运动相反。

故障案例：

有台 B665 型牛头刨床（图 2.22），在大修后的几天试运行时，发生主传动摇杆机构下滑块孔与横销间产生抱轴现象。

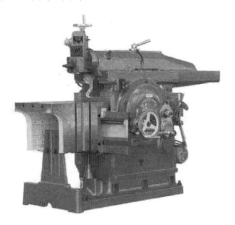

图 2.22　B665 型牛头刨床

分析：

发生这对摩擦副润滑事故是因机床刚大修好，滑动间隙小，属跑合期，故对润滑油要求苛刻。当时所用普通润滑油，故导致这次事故。

改进方法：

将原"咬毛"的下滑快与横肖间配合面拆卸修复，再在普通机油中添加些抗磨剂，开车试运行时应开慢速，跑和一段时间后再开正常速度。

2.1.60　B690 液压牛刨噪声大、滑枕爬行现象

B690 液压牛刨机床在使用中会产生噪声大、油管震动、油温过高、滑枕爬行现象。虽经机械、液压方面多次检查，但仍无法排除这些故障。

分析与改进：

分析、检查后，发现是液压油中的空气过多所致。油箱内泡沫太多，并大量进入液压系统，导致产生压力波动而造成进刀时爬行、噪声大的故障。在原液压油箱里补加 5～10ug/ml 硅油抗泡剂即可。

2.1.61　X6022 铣床床身漏油

故障案例：

有台 X6022 铣床安装在二层楼上，由于床身漏油严重，导致水泥楼板渗透一大片油迹，对缩短楼板寿命、危害厂房安全，均有可怕征兆。

该机床因设计不合理，床身漏油几乎无法根治，长期得不到妥善解决。

改进方法：

将床身齿箱内的齿轮、拨叉等涂二硫化钼干膜，滚动轴承处填上二硫化钼锂基脂。由于床身齿箱不再加液体油，当然不再存在漏油问题，此方案除了噪声略高些且要定期检查齿面是否有问题外，其他方面还是较顺利地使用多年再未出重大润滑事故。

2.1.62　X53K 立铣头发生不正常噪声

X53K（图 2.23）属于立式铣床产品中使用较为广泛的一款。在矿山制造、机械制造、机车制造、船舶等众多的行业中使用。X53K 铣床应用在模具加工、教学设备、汽车配件、煤机矿机、工程机械、风电制作、轨道交通、电子机械、航空航天、造纸印染等 20 多个行业。可选配万能铣头、圆工作台、分度头等铣床附件，扩大加工范围。

X53K 立铣头在使用中有时会突然发生不正常噪声，当打开检查时，发现主轴承因断油而损坏。经分析，这类铣头（包括 X52K 在内）正上方那只针阀式调节油量的螺钉被拧得太紧，导致不进油或进油太少，才造成这种润滑事故。

改进方法：

加强对机床操作者宣传，重视立铣头的润滑，使润滑油调节到每分钟 3～5 滴。若将立铣头改为二硫化钼锂（或尿基）脂润滑，则立铣头轴承就可不再出现这种故障了。在这里，用脂润滑比用油润滑更科学、更合理、更节能环保。

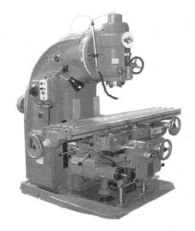

图 2.23　X53K 立式铣床

2.2　非切削机床润滑故障与改进

2.2.1　重型冲床润滑系统问题

冲床（图 2.24）就是冲压式压力机，是制造业中非常重要的板材冲压工具。冲压工艺由于比传统机械加工有节约材料和能源、效率高、对操作者技术要求不高及通过各种模具应用可以做出机械加工所无法达到的产品，因而它的用途很广泛。冲压生产主要针对板材，通过模具能做出落料、冲孔、成形、拉深、修整、铆接及挤压件等，广泛应用于航空航天、汽车、电子、通信、计算机、家用电器、家具、交通工具(汽车、摩托车、自行车)、五金零部件等的冲压及成形。

传统的机械冲床具有成本低、可靠性高等优点，其以普通异步电动机作为动力源，滑块速度为刚性输出，不能控制速度曲线，缺乏柔性，难以满足柔性化制造的需求。交流伺服电机驱动是目前成形装备发展的一个新方向，以计算机控制的交流伺服电机为动力，通过螺旋、曲柄连杆、肘杆或其他机构将电机的旋转运动转化为滑块所需的直线运动，伺服电机驱动的冲床已经在实际应用中体现出超越传统机械冲床的巨大优越性：它摒弃了传统机械式冲床的减速器、飞轮，由于将伺服电机直接与执行机构连接，推动滑块工作，因而具有较短的传动链，其结构简单使得该冲床传动效率高、精度高，很有发展前景，得到越来越广泛的应用，其市场发展前景远远超出了传统的机械式和液压式冲床。伺服电机的无级调速功能，使伺服电机驱动的冲床也具有了柔性化、智能化的特点，其工作性能和工艺适应性大大提高。

图 2.24　普通冲床

20 世纪 90 年代从俄国引进 4000t 重型冲床，在安装调试时发现了不少问题：如由于是二手设备，缺少必要的润滑资料，选用普通润滑脂产生管路被堵、高黏度润滑油短缺、主油箱油液易被污染等问题。

由于该冲床庞大，结构复杂，仅润滑系统就有五套单独的润滑装置，分别是：①主润滑系统；②液压系统；③干油系统；④模具润滑系统；⑤气雾润滑系统。

改进方法：

(1) 主润滑系统主要润滑大齿轮，选用 150#液压油；

(2) 干油系统选用 2#复合铝基脂后，不再发生管路不流畅，因它的泵送性能好；

(3) 为防止主油箱被污染，安装离心浮动式油液去污机。

2.2.2　160t 冲床漏油的根治

160t 冲床虽不算很大，但它的曲轴、大齿轮等重要零部件均处在 3m 左右高空中运转，下面的油泵将润滑油送上去后，就不再回收，润滑油滴下来直接击中在下面的操作者。不但浪费润滑油，也不利于文明生产。

改进方法：

将 3#二硫化钼锂基脂加入 160t 冲床的主轴瓦中，把原来的油泵、油管、压力表、阀、分油器等一大套润滑装置去除。后经数十年实践证明此方法行之可靠，这打破了滑动轴承不能用润滑脂的旧习，当然此方法仅适用于低转速、大间隙（在0.1mm 左右）的滑动轴承，对于高速、高精度滑动轴承是不合适的。

2.2.3 60t 冲床主轴瓦断油事故

故障案例：

某厂 60t 冲床曲轴瓦突然出现断油事故。

分析：

将 60t 曲轴瓦打开看，出现因断油造成铜瓦干摩擦而咬毛轴瓦的现象，由于这类冲床曲轴瓦离地面 1.5～2m，加油操作很不方便：加得太多要漏油、加得太少又要缺油造成断油。

改进方法：

对这些冲床（包括 5t、10t、15t、30t、50t、100t 等）均可采用 3#二硫化钼锂基脂来替代原来稀油润滑。将这类机器轴瓦由稀油润滑改为二硫化钼锂基脂润滑，经多年实践证明行之有效，将加脂的周期比原来加油的周期延长十倍以上。

2.2.4 气锤的"拉缸"故障

拉缸是指活塞或活塞环与汽缸工作面因相互作用被损伤的现象。根据工作面的损伤程度，分为擦伤、划伤、咬伤和咬死 4 种状态。活塞环外表面与汽缸表面接触滑动时，在极小的表面积上产生很高的温度，继而引起汽缸壁与活塞环之间烧熔、黏着，当所产生的热量散失以后，在活塞环上产生碳化物。这种烧熔、黏着物或碳化物就像一把锋利的刀具，切去汽缸壁上的金属，从而形成一道道深浅不规则的沟槽。拉缸具有相当大的危害，拉缸时汽缸内表面的磨损率很高，最高可达正常的几百倍，使活塞、活塞环及缸套的寿命大为降低，导致活塞与缸套咬死。活塞与汽缸壁之间的油膜中断是产生拉缸的主要原因，活塞与汽缸壁之间的油膜一旦中断，则两种金属就产生干摩擦，高速的相对运动产生的高温会超过金属熔点。

故障案例：

某厂刚大修好的空气锤（1t）在使用初期发生拉缸现象。

分析：

气锤上下往复运动主要靠锤杆顶部的活塞在汽缸里运动，产生锤击力。这类汽缸工况恶劣：驱动活塞的压缩空气或蒸汽中有不少水分。再者，刚大修过的汽缸处于跑合期，也易拉缸，即活塞或活塞环将气缸的工作表面拉成伤痕。拉缸的根本原因是气缸内壁与活塞环、活塞之间润滑不良甚至出现干摩擦。最佳方法是从润滑角度加以改进。

改进方法：

对 1t 汽锤的立式汽缸壁涂一些二硫化钼固体润滑膜，是防止这类锻压设备在跑合期易拉缸的有效办法。

2.2.5　300t 摩擦压力机丝杆与螺母间有噪声

摩擦压力机是一种通用性强的压力加工机器，在各种压力加工行业中都能使用。它具有结构简单、安装容易、操纵及辅助设备简单和价格低廉等特点，广泛应用于机械制造、汽车、拖拉机和航空等工业中的模锻、冲压、锻造等，建材行业和耐火材料行业的瓷砖、陶瓦、耐火砖的压制成形等。各个行业摩擦压力机的总数是很可观的，在机械装备制造业和民用工业中，具有重要的地位。由于摩擦压力机的工作原理，其电动机自始至终以额定转速全负荷运转，只有打击成形时为有效能耗，在其余时间能耗被白白耗掉，因此圆盘能量有效利用率很低，耗电耗能。摩擦压力机靠人力或机械移动横轴操纵摩擦盘传递动力，通过摩擦力驱动飞轮旋转，难以确保工艺参数的精确执行，导致工件成形的一致性差，产品重复精度低，而且对操作人员的熟练度要求高，工人劳动强度大、维修工作量大等不利因素。随着该行业的飞速发展，在国家转变经济发展方式、节能减排、推动产业结构调整的大环境下，摩擦压力机急需进行升级换代，但由于传统双盘摩擦压力机（图 2.25）的发展历史悠久，是我国锻造行业的主要设备之一，为我国锻造业的发展作出了巨大贡献，其使用在我国量大面广，全部淘汰更新换代不仅不现实，也会造成不必要的浪费。因此，在充分利用原有资源的基础上，对传统的双盘摩擦压力机进行升级换代或更新改造势在必行。电动螺旋压力机作为一种新型的节能螺旋压力机，在国外已得到广泛应用，近几年在国内发展迅速，使用情况较好。实践证明，电动螺旋压力机将是老式双盘摩擦压力机理想的更新换代产品。

图 2.25　双盘摩擦压力机

有台新安装的 300t 摩擦压力机，在使用初期，发现大丝杆旋转时与螺母发生噪声，并伴有冒青烟与金属粉末掉下的现象。

分析与改进：

该设备处于跑合期，摩擦副的润滑工况恶劣，导致螺母与大丝杆之间摩擦发热严重。在大丝杆与螺母间涂一些二硫化钼油膏即可。

2.2.6　滚丝机的润滑故障

滚丝机是一种多功能冷挤压成形机床，滚丝机能在其滚压力范围冷态对工件进行螺纹、直纹、斜纹滚压等处理；直齿、斜齿及斜花键齿轮的滚轧；校直、缩径、滚光和各种成形滚压。机器有安全可靠的电-液执行和控制系统，可使每一个工作循环在手动、半自动和自动三种方式中选择。滚丝冷滚压工艺是一种先进的无切削加工，能有效地提高工件的内在和表面质量，加工时产生的径向压应力，能显著提高工件的疲劳强度和扭转强度，是一种高效、节能、低耗的理想工艺。滚丝机的工作原理(图 2.26)：通过两个带有螺纹的滚轮的相对转动，对输入其间的毛坯料进行滚压，从而实现一次性螺纹的成形加工，由此可见，毛坯在滚轮间受到足够的滚压力。

Z28-40 型滚丝机(图 2.27)主要用于冷压成形,能在其滚压范围内,在冷态下对工件进行螺纹、斜纹、直纹、梯形螺纹、模数螺纹,矫直、滚光、缩径和各种成形滚压,工效比切削加工提高几倍甚至几十倍,更可节省材料,降低劳动强度。(用户根据需要自备滚丝轮。)适于滚压的材料为延伸率应大于 10%,抗拉强度应小100 kgf/mm^2 的各种碳素钢、合金钢及有色金属。两主轴作同步、同方向转动,活动主轴在液力推动下作水平方向的进给运动。有台 Z28-40 型滚丝机,在轧制不锈钢(M6)螺钉时发生螺纹表面粗糙度达不到工艺要求、冷却油结焦变质并产生纤维状的丝绒,造成回油网堵死等现象。

图 2.26　滚丝过程

图 2.27　Z28-40 型全自动液压滚丝机

分析与改进:

这台机床虽不大,但轧制不锈钢螺纹时,工件表面与轧丝模之间的摩擦工况恶劣:负荷极大,以至于产生冒烟,冷却机油在这对摩擦副产生的高温下易产生烧伤结焦,从而产生丝绒。在原工艺用油里添加一些 5%～10%的 JQ-1 添加剂后,这些现象不再出现。

2.2.7　大型木工铣床 MX5210 型润滑故障

木工铣床是用高速旋转的铣刀将木料开槽、开榫和加工出成形面等的木工机床。木工铣床是木材加工领域应用最广泛的万能设备之一,能完成各种不同木制品的加工。

故障案例:

某厂木模车间有台大型木工铣床 MX5210 型(图 2.28),在新机床调试时发生两个润滑故障:

（1）铣头轴承发烫，脂流失；

（2）横臂升降有噪声。

分析：

这台机床主转速在每分钟数千转下运转不到一小时，轴承里的润滑脂便熔化往下流淌，原因是所用普通 3#钙基脂的抗剪切性差。横梁在升降丝杆上运动产生噪声，这是由于是新机器，丝杆与螺母间的摩擦处于跑合期，产生的早期磨损。

改进方法：

将铣头里滚动轴承的 3#钙基脂清洗干净，更换上合成脂（如 7011）。升降丝杆涂一些二硫化钼油膏。

图 2.28　木工铣床 MX5210

2.3　通用设备润滑故障与改进

通用机械是指通用性强、用途较广泛的机械设备，一般是指泵、风机、压缩机、阀门、气体分离及液化设备、真空设备、分离机械、减变速机、干燥设备、电动机、变压器、汽油机、柴油机、蒸汽机、燃气机、吊车、轮船、发电机、汽轮机、汽车、火车、飞机、电动机车、水轮机、锅炉、提升机、皮带输送机、变频器、调速器、液力耦合器、滑差调速器、直流调速器、电线电缆等。近些年来，大量科研经费的投入切实推动了装备工业领域中的多个重大装备项目的进展，通用机械行业也迅速发展壮大，通用机械行业呈现高速发展的态势，重大装备国产化取得重大成绩。

2.3.1　小型空压机爆炸事故

空气压缩机简称空压机(图 2.29),是用来提高气体压力和输送气体的流体机械。随着气压、气动技术的不断发展,空气压缩机在各行各业得到了极为广泛的运用,因此被称为通用机械。然而受多方面因素的影响,空气压缩机在实际生活中很容易出现故障,引发安全事故,从而影响工作人员的生命安全。因此,要重视空气压缩机的维护与保养,将日常维护管理工作落到实处,强化定期维护及保养力度,构建健全的保养工作实施规划,全面落实各项维修保养细节,对空气压缩机的关键部件进行重点维护和保养。以保障空气压缩机的正常、稳定运行,延长空气压缩机的寿命,降低安全事故的发生概率。

小型空压机数量大、应用面广,多数无专人管理与维修,很容易被忽视,有时会产生爆炸事故。

分析与改进:

小型空压机产生爆炸事故主要是管理不善,造成润滑不良所致,如未加入专用空压机油造成压缩机积炭严重、散热差,而造成爆炸。要有专人保管,负责定期加入专用压缩机油,防止缺油、断油,定期清洗换油。

图 2.29　空压机

2.3.2　大空压机曲轴箱润滑油乳化问题

某厂有台 L 型大空压机(1-100/8),从曲轴箱的玻璃门上观察到机油有乳化现象,这不但妨碍了对轴箱内观察的透明度,轴箱底部的紫铜冷却管可能漏水,并进入机油了，于是把所有机油抽出，将紫铜冷却水管进行泵压试验，证明水管并未产生漏水后，又装入原位。重新加入机油，但进行开机后不久，又发生了乳化现象。

分析与改进：

不少油品的进水乳化现象是一种假象，很可能是油中气泡的问题。检查油中进水与否很简单，用一小张干纸片蘸些机油进行燃烧，如果产生噼爆声，说明油中进水了，反之说明油中无水，而是进入了空气。油中含有大量小直径的气泡，油色也会变成乳白。

当确定了大型空压机的机油是因进入了空气而产生众多的小气泡而变成乳白色后，处理就简单了，只要在原机油中补加些硅油抗泡剂(901)即可。

2.3.3　罗氏鼓风机润滑故障问题

故障案例：

某厂有台 D60-120 型罗氏鼓风机，其齿轮箱在运转时不但噪声大，且润滑油因泡沫太多从注油孔内溢出落到地面，变成漏油设备。因油泡多，散热差，易氧化变质，导致润滑油品性能下降：润滑功能下降、噪声大、油温高。

改进方法：

在原用润滑油中，加些抗泡剂(901)即可消除油中泡沫。

2.3.4　锅炉引风鼓风机轴承润滑问题

大多数工业锅炉配套的热风引风机(图 2.30)实际上与普通离心式鼓风机结构相似的轴承箱设计太保守、落后，存在诸多润滑问题，如：①漏油；②为降温，在轴承箱内通水管冷却。这样会产生结构复杂、轴承寿命短、漏油、污染环境等一系列问题。

分析与改进：

产生这些问题主要是某些风机设计人员对润滑油知识缺乏、照抄前人选用的液体润滑方式：如轴承温度高，通水冷却；如漏油，则增加密封圈，再有是加大油箱容量或者加压油泵强制润滑。

改进方案不难，只要以脂代油后上述问题将不再出现，也许有人会担心，风机鼓的是热风，而不是常温的空气，轴承温度升高后，脂会不会溶化下来？现在润滑脂早已不是过去的钙基脂时代仅能耐几十度，现耐数百度高温的润滑脂早已不足为奇了，如脲基脂等。

图 2.30　锅炉鼓风机

2.3.5　烘干炉热风鼓风机轴承脂严重流失

故障案例：

某厂铸造分厂大型立式泥芯烘干炉，其顶部热风鼓风机长期处于百度高温环境下工作，导致润滑脂流失严重，为此润滑工人不得不间隔 1～2 天爬到高空对这台鼓风机轴承内添加 3#钙基脂，否则脂流失严重导致热风机轴承发热而烧坏。

分析与改进：

这主要是选用不耐高温的润滑脂所致。处理这类问题很简单，只要将原来 3#钙基脂改用 3#二硫化钼锂基脂即可。实践证实：其加脂的周期延长了十倍以上，后来通过近 20 年的实践(直至设备超龄而报废)，证明此方案行之有效。

2.3.6　热处理炉顶部轴承脂流失

热处理车间的介于井式热处理炉的顶部与搅拌马达下部的轴承，由于离热源炉顶近，导致润滑脂易流失。因为不准流到下部的加热炉，故有人在轴承的下面装了一只甩油盘，利用其离心力将脂甩向四方，以防止流下的脂流到炉内引起火灾。但这样观察者只要一靠近炉子观察温度计时，便被甩出的脂击中衣服、脸上等处。

分析与改进：

形成上述不文明的生产环境是因为润滑知识缺乏。只要选用耐高温的润滑脂代替原来的普通钙基脂就行。我们选用抗高温的合成脂后，上述问题不再出现，并通过 20 年的实践，证明效果很稳定。

2.3.7　抛丸机轴承润滑故障

为了清除铸件或锻件表面的残余型砂或氧化铁皮，采用抛丸器，通过高速旋转的叶轮所产生的离心力将弹丸不断抛向工件表面，高速射出的弹丸的冲击可以使工件表面的附着物迅速脱落。这不仅是为了清除表面的氧化皮和粘砂，同时也增加了金属内部的错位密度，达到了强化工件表面的目的，从而提高了金属强度，提高了零件的使用寿命，此为表面喷丸强化技术。

清理铸件的抛丸机从结构看类似离心水泵，由于离出的不是水而是铁丸，故叶轮磨损严重、轴承(7513 型滚动轴承)受的冲击载荷大，由于转速较高(1400r/min)、功率也不小(14kW)，故开机不久便产生高温发烫(在 55℃以上)，导致平均每月轴承要更换一次，脂也因此流失严重而损耗巨大。

分析与改进：

该轴承加脂周期短(2～3 天加一次脂)、轴承损坏严重，这是典型润滑不良产生的案例，应选用高质量的润滑脂。改用 3#二硫化钼复合锂基脂后，加脂周期延长至数月，还节约了很多 7513 型滚动轴承。

2.3.8　高压油泵试验台润滑问题

故障案例：

某厂有台援朝任务的高压油泵试验台(YB 型)，曾在出国前的调试中发现，每当液压马达运转不到 2 小时，因油温过高、黏度急剧下降，而产生内泄漏，导致油压打不高，无法正常工作，且油泡太多。

分析：

(1)液压油的黏度指数太小；

(2)液压油起泡严重会导致散热差，对液压驱动也不平稳。

改进方法：

在原液压油里加一些 602 黏度添加剂(4%)即可，对于泡沫，则加一些 901 抗泡剂即可。

2.3.9　德国进口 DN9C 水力测功机轴承润滑问题

随着科研生产水平的提高、科学技术的发展，测功机已经成为科研部门和动力机械生产厂必须具备的试验设备。水力测功机一直以来都是以价格低廉、结构简单可靠、平稳、操作容易等优点居于测功机中不可取代的位置。

故障案例：

某厂有台从德国进口的 **DN9C** 型大型水力测功机，在一次大修理后的开机时发现，仅开机 20min 便出现轴承温度过高、且伴有较大震动。

分析与改进：

现场了解发现，大修理后运转温度太高的主要原因是装配时轴承壳内二硫化钼锂基脂太多、太满。打开测功机轴承壳底部排污"堵头"，用一根铁丝捅几下，使内部的润滑脂排除一些。内压下降，轴承温度降低了。

2.3.10　导轨淬硬机润滑故障

不少机修车间备有自制的导轨淬火机，用于对铸铁导轨表面的自动淬火，以提高导轨的耐磨性。由于它的紫铜滚轮与芯轴之间不但有相对运动，还有低电压、大电流存在，故局部易产生火花、高温，甚至会卡死等。

分析与改进：

每当紫铜滚轮与芯轴间卡死不转动时，便会产生滚轮"拖行"，无法进行表面淬火。只要在这对摩擦副中添加些 MOS2 锂基脂即可，但不能随便加机油，因后者易咬死、"拖行"。

2.3.11　2t 电瓶车差速器润滑故障

作为厂区内部运输工具的电瓶车数量不少，其差速器存在不少润滑问题：如由于超载等使齿轮易磨损、齿箱易漏油，由于它在车身底部，故障不易发现。

分析与改进：

造成这些润滑问题是对电瓶车差速器润滑没引起足够重视，因此要定期检查差速器润滑情况及选用油品是否合理。

差速器漏油一定要及时修好，可选用黏度高一些的齿轮油。齿轮易磨损可加一些抗磨剂。确实无法修好这台电瓶车的漏油，可将液体油改二硫化钼齿轮专用油膏。

2.3.12　10t 行车齿箱漏油

故障案例：

某铸造厂一台 10t 行车，在驾驶员上下扶梯口停放时，其行车下的砂箱浇铸出的零件 100%报废。起初找不出报废的原因，后来有人怀疑上面的行车漏油，油滴落进砂箱里，造成了气孔，故报废了铸件。

改进方法：

在小车齿箱下装一只盛油盘，但这只盛油盘装满油后若不及时处理，机油将溢出，且很不雅观。最彻底的办法是改用二硫化钼固体润滑剂，多年实践证明此方法可行。

2.3.13　中频发电机组轴承发烫

湘潭电机厂过去生产的 BPS100/8000 型中频立式发电机组，其下面的轴承（46416 型）在运转时易发烫，有时甚至会烧坏轴承。

分析与改进：

由于承受重达 1t 多转子的垂直轴向力的滚动轴承是钢球式，其轴向的止推能力差，轴承线速度较高，导致润滑条件苛刻，且当时使用的是普通 2#白色低温脂，故不能胜任这种恶劣工况。改用合成润滑脂后，上述故障不再出现。

2.3.14　重型柴油机主轴瓦外圆润滑故障

船用万匹马力重型柴油机，其与曲轴配套的主轴瓦自重数百公斤，当曲轴就位后，将主轴瓦滑入机体，因轴瓦外圆与机座均是钢对钢摩擦，极易发生拉毛故障。用一些普通机油无法胜任。

分析与改进：

这对摩擦副属低速、重载。用二硫化钼润滑是行之有效的办法。

2.3.15　大铲车发动机润滑事故

故障案例:

某公司经营美国生产的优质金属调理剂,其与一铝加工厂的外资企业签约:对该外资企业的一台从日本进口的大铲车发动机用的润滑油里添加抗磨剂,目的是延长发动机的大修周期及节能。结果使用这些抗磨剂后,不但没有延长大修周期,反而还大大缩短,仅使用 27 天,发动机主轴瓦就严重烧坏,润滑油全部变质烧焦。为此被要求赔偿损失。

分析:

调查中在该发动机机体(6 缸直立式 $\Phi110mm$)第 2、4 两只汽缸套内壁上发现有明显上下串气烧伤痕迹,就此得出结论,该发动机总装时,活塞环口(共三根)未上下错开成最佳位置,致使燃烧的高温气体直冲油底壳,导致机油严重烧伤变质,这样添加进去的抗磨剂当然不起作用,这是造成这次事故的直接原因。

2.4　化工设备润滑故障与改进

化工行业是我国经济发展的支柱产业之一,化工设备是企业生产的基础,在化工企业中具有极为重要的地位。化工设备目前被广泛应用到如冶金、医药化工、矿山、石油、农药化工、染料化工、塑料机械、食品机械、电子行业、造纸机械等诸多领域,其涵盖了几乎每项化学工程的生产。化工产品离不开化工机械,然而化工机械设备在长时间工作过程中就会由于温差变化、干湿交替、摩擦作用等这些因素使其部分零部件因磨损而报废,使化工生产企业的经济效益和产能消耗受到直接影响了。因此,为了提高化工企业的产品质量和经济效益、延长化工机械设备的使用寿命,必须在企业生产实践中总结化工机械设备的管理及维修保养的技术经验。

2.4.1　离心压缩机轴振超标

作为动力、制冷、冶金、石化、气体分离及天然气输送等工业部门的关键设备,离心压缩机缘于其体积小、流量大、质量轻、运行效率高、易损件少、输送气体无油气污染等一系列优点，因而得到了广泛的应用。离心式压缩机的工作原理是：当叶轮高速旋转时，气体随着旋转，在离心力作用下，气体被甩到后面的扩压器中去，而在叶轮处形成真空地带，这时外界的新鲜气体进入叶轮，叶轮不断旋转，气体不断地吸入并甩出，从而保持了气体的连续流动。

案例：

某塑料厂有台大型 K-4003 型离心压缩机，其轴承因润滑不良产生振动，最大轴振在 80um 以上。该机器功率达 3000kW，转速达 2980r/min，主轴径 Φ120，是可倾式滑动轴承，原用润滑油是埃索(ESSO)46#汽轮机油。运行时噪声大，达 70dB 以上，轴承温升 40℃以上，从油标处可看到润滑起泡已严重，油箱容量达 3t 以上。

改进方法：

(1) 对 3t 大油箱作体外循环式过滤，以提高它的润滑油清洁度，如装离心浮动式油液去污机。

(2) 主油泵入口的滤油网要及时清理。

(3) 设法消除油泡（如加入 901 抗泡剂）。

(4) 对油品作定期取样化验，以掌握润滑油实际变化工况。

(5) 在原油中加抗磨添加剂，以提高原润滑油的抗磨性，以降低轴承温升。

2.4.2　造粒机电机轴承夏季温度达 80℃

从广义上讲造粒是把粉体、熔融液、水溶液等状态的物料经加工制成具有一定形态与大小粒状物的操作。通常指的是狭义上的定义，即将粉末状物料聚结，制成具有一定形状与大小的颗粒的操作。石油化工企业在国民经济中所占的比重越来越大，石油化工产品在生活中几乎随处可见，但是在固体石化产品的运输、包装方面存在许多问题，造粒机就解决了这方面的问题。国内外造粒技术经过发展，日渐成熟并形成了专门的学科和独立的技术，目前世界上大型造粒机生产企业有日本两家和德国一家。日本神户制钢公司产品在中国市场的占有率非常高。造粒技术主要有搅拌造粒法、沸腾造粒法、压力成形造粒法、热熔融成形法、喷雾干燥造粒法等。国外造粒技术较为先进，大多采用大型造粒设备，具备完善的检测监控系统，自动化程度高。国内造粒技术多为模仿国外技术起步，并针对国内情况加以完善和改进。

案例：

某塑料厂从国外进口的 YM-7001 型造粒机，其电机轴承夏季时工作温度达 80℃以上。除去环境温度 40℃，它的轴承实际温升也达 40℃。

分析：

该电机功率较大达 4000kW；线速度高(990r/min)，故当时选用的 46#液压油黏度太高，油品油膜强度不够及油品清洁度欠佳，也是导致轴瓦温升过高的原因。若不及时整改，会降低油品寿命及机器寿命。

改进方法：

(1)对原油箱润滑油进行体外循环过滤，以提高油品的清洁度。

(2)改用低一档油品，如将原 46#改为 32#，以利于降低油品内摩擦，从而降低产生的热量。

(3)在较低一档的油品中加入抗磨添加剂，以利于提高轴瓦的润滑性，从而降低轴瓦工作温度。

2.4.3　大型螺杆压缩机改用合成油后电流仍不下降

螺杆压缩机广泛应用于矿山、化工、动力、冶金、建筑、机械、制冷等工业部门，是一种消耗电力的机械设备。与活塞式压缩机等其他类型的压缩机相比，螺杆压缩机的发展历程较短，是一种比较新颖的压缩机。其工作循环可分为吸气、压缩和排气三个过程，随着转子旋转，每对相互啮合的齿相继完成相同的工作循环。由于具有转速高、可靠性及动力平衡性好、适应性强、在实际应用上无喘振、临界转速等条件限制，在宽广的容量和工况范围条件下，已逐渐替代了其他种类的压缩机。统计数据表明，螺杆压缩机的销售量已占所有容积式压缩机销售量的 80% 以上，在所有正在运行的容积式压缩机中，有 50% 是螺杆压缩机。今后螺杆压缩机的市场份额仍将不断扩大，特别是无油螺杆空气压缩机和各类螺杆工艺压缩机，会获得更快的发展。

案例：

某制药厂一台功率为 1000kW 的大型螺杆压缩机，比该厂同类机器耗电大，为此改用美国先进"紫皇冠"合成专用压缩机油，想减少其摩擦功损耗从而将电流降下来。可是通过一段时间试运转发现电流和过去一样，根本无效。

分析与改进：

检查发现该压缩机的齿轮箱在清洗换油工艺质量及机器运行工况均正常，润滑油压力、油位等也正常，机油滤清器也干净。最后发现室外空气滤清器的进风屋口积尘太多，导致吸入空气阻力过大，出现加入好油后也未取得好的结果。把大型进风屋的进风口网罩，全部清理干净。因减少了吸风阻力，故电流降下了。

2.5　冶金矿山设备润滑故障与改进

2.5.1　冷轧平整机大轴承的润滑故障

案例：

某大型不锈钢冷轧厂有台引进的平整机，在新机调试及后来 3 年里使用尚可，但第 4 年起，这台机器用同样的润滑脂就不行了：工作温度在 90℃以上，轧制线速度从原来 600 m/min 下降到 400 m/min，更严重的是重达 10t 多的轧辊要每 8 小时拆卸来更换维修。

分析：

该平整机四只大轴承尺寸是 500×720×530，最大 DN 值(转速因子)达 13.44 万，轧辊有效宽达 1400mm，该机出厂说明书上推荐的润滑脂短时内使用尚可，但时间长了便不行了。

改进方法：

分析发现按原说明书推荐的润滑脂性能不佳，故导致出现这些问题。对该轧机使用者建议用优化级润滑脂，即滴点从原来 170℃提高到 271℃，基础油从矿油级上升到合成级，四球机从 200 提高到 400，总之把优化级合成润滑脂加入该机器后，轴承温度明显下降 40℃左右，原滚动轴承寿命延长 20 倍左右。

2.5.2　大齿箱滑动轴承烧瓦事故

案例：

某钢厂有台大齿箱，其油箱容量 30t 以上，需用 320#齿轮油，因当时这种高黏度齿轮油紧缺，就用数家小油厂生产的同牌号齿轮油。结果使用不久便产生重大润滑事故：烧坏多只轴瓦，造成全线停产多日。

分析：

现场观察发现齿箱底部有大量沉淀物，有的沉淀物直接进入滤油器，造成油路不畅通、断油，这是导致轴瓦烧坏的直接原因。后来还发现未加入油箱的新油桶内也有大量沉淀物，事后得知这些齿轮油，是用中等黏度(46#)加了大批黏度添加剂调配而成的，不是 320#齿轮油。

此故障案例说明：设备油箱再大，也不应该将几家小厂生产的同牌号齿轮油混合使用；严把油品进厂时的取样化验，发现可疑油品不准加入重要设备油箱；使用过程中也要经常查看机器运行工况，发现可疑之处马上停机检查，防止设备出现恶性润滑事故。

2.5.3 轧机主轴瓦烧坏起火事故

案例：

某钢厂热轧机流水线在轧制 600mm 宽的钢板时，突然发生主轴瓦处冒浓烟直至起大火，工人马上灭火后再开车生产，结果再起火。

停机进行取证，发现这只容量在 10t 以上的特大型润滑油箱里的润滑油，因长期未换而严重污染，且确保油液清洁的两只过滤器也早已被堵失效，而是将傍通管阀打开，也就是所有润滑油不经过滤器而直接流向各轧机的主轴瓦，故导致轴承起黑烟着火。

改进方法：

(1)进行清洗换油；

(2)当一只过滤器失效时,立即切换另一只,且始终保持备用的那只滤油器清洁,千万不可将两只滤油器全部失效后再打开傍路阀工作。

2.5.4 铝合金压铸机火烧事故

案例：

某厂有台铝合金压铸机，有次因液压油管破裂，大批油雾喷射到 600 多度高温的液态铝表面，车间马上燃起大火，造成机毁人亡，当场烧死一个操作工人。

分析：

热加工设备凡是有液压驱动的均应选用抗燃液压油，禁止使用普通矿油，因为有人做过这样试验，若用布蘸这些普通机油后，遇明火马上燃烧，而蘸有抗燃液压油约半分钟才燃烧。这是宝贵的半分钟，操作工人可在这半分钟内迅速逃离。可是有少数企业领导为了降本增效，把原配有抗燃油设备改用普通矿油，这样每公斤的油价节约了，却把人命当儿戏。

改进方法：

这类高温炉边液压设备一定要用水乙二醇或聚酯类抗燃液压油才能确保安全生产。而另一类抗燃油(磷酸酯)由于有毒有害，已极少使用。水乙二醇一般采用 46# 较多，它的外观与普通的 46#液压油(矿油)很相似，极易混在一起，特别是废旧 46# 水乙二醇不能与普通矿油混合回收，否则给废油处理再生带来很多麻烦。

第3章　二硫化钼成功润滑案例

3.1　二硫化钼在金属加工的润滑

二硫化钼在金属加工方面应用广泛，只要使用适当，便可明显提高刀具寿命，改善被加工件表面粗糙度，少用或不用切屑液，对改善生产环境、节能减排均有十分重要的现实意义。

3.1.1　二硫化钼在车削加工的应用效果

1. C630 车床上车削小车轮

曾在 C630 车床上车削小车轮，开始按常规方法加工，每车削 5～6 只车轮，就要修磨一次车刀，后来在加工时将二硫化钼蜡笔涂在车刀刀刃处，结果效率成倍提高：修磨一次车刀后可车削 10～12 只车轮(小车轮尺寸：Φ140mm，B=60mm；材料为球墨铸铁；36～38HRC；刀具材料 BK6；45° 车刀；吃刀深度 5～10mm；进给量 0.2～0.35mm/r；转速 120～190r/min。)

2. 车削外圆

某厂在普通车床上车削组合机床主轴，每车削 2～3 根主轴就要磨刀一次(工件材料：锻钢；尺寸：Φ40×375；车床转速 600r/min)。后在原工况不变的情况下，仅在刀刃上涂些二硫化钼蜡笔，结果不但走刀量提高一倍，而且车刀寿命延长 5 倍。

3. 车削不锈钢螺纹

某厂在 VDF 德国产精密机床上车削不锈钢外螺纹，虽用油剂切削液润滑刀具，但还是不断产生刀瘤现象，且不断地需要修磨车刀。后在原切削油中添加 5%的二硫化钼粉末，结果刀瘤现象迅速消失，螺纹车刀的修磨时间也成倍延长。

4. C620-1 机床加工螺杆

原用食用豆油作润滑剂，结果不但车刀寿命短，且加工出来的工作表面粗糙度

达不到 $Ra6.3$，后改用含 2.5%二硫化钼的油剂后，加工出来的蜗杆(蜗杆材料为 20 钢，$m=3$，$z=4$)。表面粗糙度达 $Ra1.6$。某人在车削多头蜗杆时，为提高生产效率，常冒险使用有毒有害的氯化石蜡作切削液，后改用含少量二硫化钼的油剂就不必再用有害的氯化石蜡了。

5. 专用车床加工凸轮轴

在专用车床上加工 135 型柴油机凸轮轴时，中心孔与尾架死顶尖之间原用普通黄油(3#钙基脂)，时常发生顶尖与凸轮轴中心孔之间出现咬死现象。当时没有重视这对摩擦副的润滑，认为只要加些黄油或普通机油就行，结果导致工件加工精度下降。后改用二硫化钼锂基润滑，这些摩擦问题不再出现。

6. 车削柴油机曲拐件

在普通车床上干切削柴油机曲拐件时，原每加工 6～7 只曲拐件(材料是球墨铸铁)就要修磨一次车刀，后在车刀刃上涂一些二硫化钼蜡笔后，则车刀每加工 10 只曲拐件才修磨一次。

7. 加工排气阀导管

在油压机上用压刀加工柴油机排气阀导管时，压刀进给速度太慢，当加快时，该硬青铜材质的 $\Phi13mm$ 的内孔就会出现拉毛。后在原润滑油中添加 10%的二硫化钼，则压刀推进速度加快了 3 倍。

3.1.2　二硫化钼在孔加工的应用效果

1. 铰孔

铰削是一种被广泛使用的加工方法，它是一种精加工或半精加工的方法。铰孔是用铰刀从工件孔壁上切除微量金属层，以获得孔的较高尺寸精度和较小表面粗糙度值的加工方法。铰刀跟钻头相比，铰刀刃口较多，每个切削刃上所承受的负荷较小，这有利于减少铰刀的磨损，这样加工的产品，精度就越高，表面粗糙度值也就越小。铰刀齿数的选择，一般根据铰刀直径和工件材料确定：铰刀直径越大，可取较多齿数。加工塑性材料时，齿数应取少些，而加工脆性材料时，齿数可取多些。

为了便于测量铰刀直径，齿数一般为偶数。铰孔的方式有机铰孔（图 3.1）和手铰孔两种。在机床上进行铰削称为机铰，用手工进行铰削称为手铰。

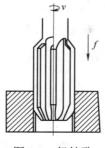

图 3.1　机铰孔

车削加工柴油机高压油泵调速器"飞铁"件时，由于 65 锰钢材质坚硬，原用普通水剂切削液，铰出孔的表面粗糙度仅为 $Ra6.3$，后在原液中加 0.5%～1%二硫化钼水剂，则加工出的表面粗糙度达 $Ra3.2$，且延长了刀具寿命，并提高了工件的防锈能力。

2. 小孔加工

小于 $\Phi5mm$ 的小孔在钻削时，用二硫化钼蜡笔润滑小钻头，不但润滑效果好、钻头寿命延长、加工出的内孔质量佳，更主要的是可将机床原配有的乳化液箱、水泵、水管等一系列辅助装置撤离工作场地，这样，工作场地干净，对于无空调的生产车间，冬天低温季节不再出现水箱结冰、水泵启动困难等问题了。这就提高了经济效益。

3. 不锈钢件钻孔

在 Z535（或 Z525）立式钻床对柴油机预燃室喷嘴钻孔，使用普通乳化液作切削润滑剂会产生刀具磨损严重、内孔表面粗糙度达不到工艺要求、工效低，在原乳化液中加入 3%的二硫化钼水剂后（也可不用原乳化液，而改用二硫化钼油剂），在其他工况不变的条件下，上述问题全部得到改进。

4. 解决铸件孔加工后尺寸变形问题

某厂在普通车床上对一铸铁件内孔（$\Phi40$）进行铰孔加工，刚加工好时，用标准塞规测量是合格的，但第二天再测量，孔缩小不合格了。这是由于用普通乳化液冷却、润滑铰刀时，由于其润滑性能差，刀具与工件间摩擦产生的温度高，则工件受热后膨胀，孔件刚加工好时塞规能通过，而冷却后就缩小了。后在乳化液里加入二硫化钼水剂（含 3%二硫化钼）后，则加工不再出现这种现象。这是由于在乳化液里加入二硫化钼后，工件与刀具的润滑性能得到改善，则摩擦热量下降，刚加工出的铸铁孔件温度较低。

5. 深孔加工

在卧式深孔钻床加工发动机传动轴（尺寸 $\Phi10\times250$、材料 40Cr、硬度 $26\sim31$HRC），原用普通乳化液时，每加工 $2\sim3$ 个工件后需修磨钻头，后在原乳化液中加入 5%二硫化钼，结果在同样工况下，加工 12 只工件后，钻头才需要修磨。这是由于润滑性能得到改善，钻头寿命提高了。

3.1.3　二硫化钼在磨削加工的应用效果

1. 磨床

在普通外圆磨床砂轮上涂一些二硫化钼蜡笔后，在其他工况不变，原用乳化液也不变，对精加工的磨床，可使被磨削工件的粗糙度改善一级（一般粗磨不适用此方法）。

2. 磨缸机珩磨用二硫化钼

对发动机汽缸进行珩磨时，在原珩磨切削油（也有用煤油或柴油）里加入 1%～5%的二硫化钼搅拌后，可明显改善汽缸内壁的粗糙度（搅拌处理后，使二硫化钼悬浮在珩磨液中才起作用，否则会出现沉淀现象）。

3.1.4　二硫化钼在齿轮加工的应用效果

1. 在 Y38 滚齿机上的应用效果

有台 Y38 滚齿机在滚削 45#钢（模数 8）齿轮时，用硫化切削油，但在滚削时，机床振动大、滚出的齿面精度达不到工艺要求，后在原硫化切削油中添加 1%二硫化钼后，在其他工况均不变时，上述问题得到改进。

2. 在 Y4232A 剃齿机上的应用效果

剃齿(剃齿刀见图 3.2)是齿轮(特别是软齿面齿轮)精加工的高效传统工艺,在齿轮生产中得到了广泛的应用,尤其适用于较小模数的汽车、拖拉机齿轮和机床齿轮的批量生产。在 Y4232A 剃齿机上加工 Φ97mm、模数 3.5、45Cr 钢齿轮件时,虽用硫化切削油作工艺油,但经常产生刀瘤、齿轮表面剃不光、不符合工艺要求等缺陷。后在上述工艺油中添加 0.5%的二硫化钼,上述工艺缺陷不再出现。

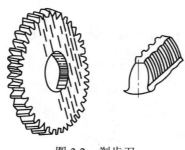

图 3.2 剃齿刀

3.1.5 二硫化钼在铣削加工的应用效果

在卧式铣床用片铣刀对钢铁工件开槽或切割时,若在片铣刀切削刀刃刚发热时,马上把二硫化钼蜡笔涂在铣刀片两侧,这时再切割和铣槽时会出现切削阻力减小、冒烟也小、切削速度能提高、切口光滑等优点。同理,二硫化钼蜡笔用于立铣刀也有一定的好效果。

3.1.6 二硫化钼在刨削加工的应用效果

二硫化钼在刨削、拉(压)削及插槽等直线运动刀具上涂上二硫化钼蜡笔后,对减少刀具与工件间摩擦、改善加工件表面粗糙度、延长刀具寿命等方面均有良好效果。某人在单臂龙刨对普通钢材进行刨削加工,在刀具发热时,立即涂上一些二硫化钼蜡笔,再进行刨削加工,则上述效果得到验证。

3.1.7 二硫化钼在锯削加工的应用效果

锯削是用锯削工具(手锯)对材料或工件进行切断或切槽的加工方法,它是钳工加工中较为重要的一项基本操作技能。随着机械行业的不断发展，各种先进的机械加工方法不断涌现，车、铣、刨、磨、电火花、线切割等技能的应用范围越来越广泛，但在一些设备和场地受到限制，下料不便的地方，锯削仍具有广泛的适用性和灵活性，所以对钳工工人来说，不但要掌握锯削的理论基本知识，更要具有扎实的锯削操作能力。

不论是弓锯、圆锯或带锯，对金属材料进行切割均存在下列缺陷：

(1)若在切割时不用任何润滑剂，即进行干切削，会产生噪声大、切削刀具损坏严重、切口不光滑等缺陷；

(2)若用乳化液作为刀具润滑、冷却液，则环境污染严重。

把二硫化钼蜡笔涂于这些切割刀具上，可克服这些缺陷。如弓锯在切割 $\Phi100\times10000$ 无缝钢管，用乳化液润滑、冷却锯条，加工时切削液流到 10m 之外的场地，为了防止切削液流到 10m 之外的场地，不得不在无缝钢管的另一端挂只小桶。但不用乳化液而进行干切削时，噪声大且锯条寿命很短。锯条上涂一些二硫化钼蜡笔后，上述缺陷立即消失了。

3.1.8　二硫化钼在研磨时的应用效果

研磨是利用附着和压嵌在研具表面上的游离磨料颗粒，借助于研具与工件在一定的压力下的相对运动，从工件表面上切除极小的切屑，以使工件获得极高的尺寸精度和几何形状精度及极低的表面粗糙度值的表面，这种加工方法称为研磨。常用的研具材料有：铸铁、软钢、黄铜、紫铜、玻璃、硬木等。而抛光一般以布和软质的材料制成圆盘，使其黏附住游离磨粒，进行高速旋转并压向工件，以提高工件表面光亮度和降低表面粗糙度。

二硫化钼既是一种良好的润滑剂，它又在研磨时能替代某些研磨膏进行研磨加工，这看似有些矛盾：润滑是减磨，而研磨是增加磨损，但这并不矛盾，这和磨合(跑合)油的机理相同：既要有一定的润滑功能又要进行有控、有序的研磨。二硫化钼很适用于对偶件的互相研磨。

3.1.9　二硫化钼在贵重刀具上的应用效果

有些拉刀、推刀、滚刀等贵重专用刀具，若润滑剂选用不当，则磨损严重，引起经济损失大。如某厂对柴油机控制供油量活塞体的螺旋内花键加工时，选用螺旋推刀（压刀）加工，每加工一只螺旋内花键就不得不修磨一次刀具，且加工出的内花键表面粗糙度仅 Ra6.3，后改用二硫化钼油剂后，不但螺旋内花键表面粗糙度提高一级，达到 Ra3.2，更重要的是这把贵重刀具的寿命大大延长，从原来加工一只工件就要修磨一次，在原切削油加二硫化钼后，加工 60 只工件才修磨一次。（工件材料 45#铬钢，硬度 35HRC，孔径 Φ30mm，切削油剂中二硫化钼含量 15%～25%。）。

3.1.10　二硫化钼在冷挤压加工的应用效果

冷挤压具有节约原材料、成品尺寸精度高、表面质量好、强度高、生产效率高等优点，已广泛应用于机械制造业。冷挤压是指在冷态下将金属毛坯放入模具模腔内，在强大的压力和一定的速度作用下，迫使金属从模腔中挤出，从而获得所需形状、尺寸以及具有一定力学性能的挤压件。冷挤压加工是靠模具来控制金属流动、靠金属体积的大量转移来成形零件的。冷挤压在长期生产实践中，其不足之处逐渐显露：

（1）成形抗力高，这对模具的材质及结构等提出了更高的要求；

（2）模具损耗大，毛坯在冷挤压过程中受到三向压应力的作用，模具在巨大的压力作用下易磨损；

（3）对冷挤压设备要求较高，由于冷挤压是在室温下靠压力机的压力成形的，因此要求压力机要有较大的强度和刚度。

基于这些普遍存在的问题，不少业内人士将振动加工技术引入传统冷挤压加工过程。

无刃挤压螺丝攻是一种先进的无切削加工工具，它属于冷挤压范畴，但它对润滑剂要求特别高。某厂在加工连杆盲孔内螺纹时，用无刃丝锥作冷挤压，但不管用合成油、氯化石蜡等多种挤压润滑剂，加工出的内螺纹孔粗糙度均达不到工艺要求，后来改用含 15%～20%二硫化钼油剂作润滑剂，上述问题解决。

二硫化钼在非切削加工方面除冷挤压内螺纹外，还用于冲压拉伸滚丝、滚压、轧丝、搓丝等，用于模具与工件间的润滑，均有明显效果。

3.2　二硫化钼在金属切削设备的润滑

3.2.1　二硫化钼在车床的润滑效果

1. C534 大型立式车床横梁升降丝杠的应用效果

C534 大型立式车床横梁升降丝杠在工作时，往往会产生噪声，这时若在升降丝杠与活灵(螺母)间涂刷一些二硫化钼油膏，噪声便可消失。该机床的垂直刀架，若连续运行时产生爬行，可涂一些二硫化钼油膏来消除爬行。这些方法也适用于其他车床如 C512 等。

2. 二硫化钼在 C616 车床主轴变速箱里的应用效果

该机床主轴变速箱是安装在床身内底部，由于变速频繁且有冲击载荷，齿轮及变速机构很容易磨损、发热、易漏油，有些小故障因其在机体内部不易发现，故出较大故障(如齿轮打坏、停机)才拆开检修。若把原齿箱润滑油的黏度提高，并在内加入适量二硫化钼油剂(二硫化钼含量在 3%～5%)后再运行，则润滑性能大有改善：齿箱运转平稳、寿命延长、漏油也因齿箱温度下降而减少渗油。(若该油箱长期停用，二硫化钼会产生沉淀。)

3. 二硫化钼在普通车床上的应用效果

二硫化钼在普通车床(如 C6140、C6150 等)上应用是多方面的，作"方刀架"转塔活动平面初期磨合专用剂及尾架套筒早期磨合专用润滑磨合剂，是很理想的。尾架死顶尖与长轴工件中心孔间的润滑也要引起重视，若用普通润滑脂会产生中心孔咬毛、甚至死顶尖突然断裂、工件飞出伤人等事故，在该处用二硫化钼基脂便能得到理想效果。死顶尖与长轴类中心孔的润滑也适用于磨床，特别是磨削细长轴。

不少普通车床齿轮箱(如 C620、C630、C650 车床等)之过桥齿轮内孔与固定轴套间润滑也是重要事情，若不引起重视，该处润滑事故也常发生，该处干油杯内改用二硫化钼基脂，则润滑工况会大有改善。该技术对 C630 车床更有重要价值，因该机床齿轮箱盖是铸铁，由于笨重，一般操作者不愿经常卸下润滑过桥轴套，因此更易出润滑事故：产生咬死、齿轮打坏、轴承碎裂等，改用二硫化钼锂基脂要好得多。

3.2.2 二硫化钼在钻、镗床的应用效果

1. 二硫化钼在小台钻主轴承里的应用效果

台式钻床（图 3.3）简称台钻，是一种体积小巧，操作简便，通常安装在专用工作台上使用的小型孔加工机床。台式钻床钻孔直径一般在 13mm 以下，一般不超过 25mm。杭州产台式钻床，其主轴承（6203 型）因其转速较高（3000r/min）用普通润滑脂在轴承内流失严重，造成轴承损坏频繁，改用二硫化钼锂基脂后，这些问题不再出现。

图 3.3 小型台式钻床

2. 二硫化钼在摇臂钻床升降丝杠的应用效果

摇臂钻床因其摇臂既可绕立柱回转，还可沿立柱上下移动，主轴箱可沿摇臂径向移动，故其适应性强，广泛应用于单件和中小批生产中加工体积和质量较大的工件的孔。一些刚安装好的新摇臂钻床如国产 Z3040、Z3050、Z3080，捷克的 VR6、VR8，日本产的 HOR-1700，匈牙利产的"却贝尔"RFH100 等，各型号摇臂钻床的横臂升降丝杠发出噪声是常见现象。刚经过大修后的新换升降丝杠与螺母（活灵）的初期试用也易产生噪声。经过多次反复实践发现，别的润滑剂均没有使用二硫化钼油膏效果好，其添加周期延长十倍以上，使用方法也很简单。

3. 二硫化钼在卧式金刚镗床的应用效果

昆明机床厂生产的 T720-1 金刚镗床在工作台水平方向进给时易产生爬行，直接影响产品的加工精度。改用抗爬行较好的 46#导轨油，仍有爬行问题，后在原导轨油里添加了 3%～5%的二硫化钼后，爬行问题得到彻底根除。用这种方法，还根治了 T68 镗床刚大修后的水平导轨爬行现象。

4. 二硫化钼成膜剂解决四轴卧式镗床定位套咬毛

某厂有台四轴卧式镗床，其定位套与镗杆之间摩擦时易发热咬毛、产生噪声等故障。其定位套与镗杆之间间隙小、转速高且属于两摩擦件是相同材料的钢对钢摩擦，故润滑工况恶劣，新机件的磨损更是严重。

我们在新安装该机定位套之前，预先涂上二硫化钼成膜剂(一般用淡水金膜即可)，再进行安装。运转后，原润滑方式不变，但上述摩擦故障不再出现。

5. 二硫化钼在"马林"镗排定位套润滑的效果

有台 Φ206 的"马林"镗排定位套，在初期试运行时，不但温度高、脂流失且噪声大，无法正常工作。这是由于该定位套与镗排间是滑动摩擦且间隙小，又是钢对钢的相同材料摩擦副，故润滑工况恶劣。改用二硫化钼锂基脂，代替原来的普通润滑脂后，上述故障全部消失。

6. 二硫化钼在折臂攻丝机的应用效果

攻丝机是用于丝锥加工内螺纹的专业机床，也是应用最广泛的内螺纹加工机床。攻丝机的常规结构有台式攻丝机、立式攻丝机、卧式攻丝机等，但是常规结构不够灵活，在工件尺寸大或数量较多时效率很低。折臂攻丝机是一种可对各种小型及大型钢件的粗牙、细牙、非标牙距的正转及反转紧固连接螺纹、传动连接螺纹及管螺纹进行内螺纹攻丝的机床，由于该类机床可折臂操作，因此可一次性进给完成丝锥直径 5 倍以上、超大扭矩超深孔攻丝。

折臂攻丝机的特点是电机在每分钟内进行多次正反转。由于电机线卷发热，导致电机滚动轴承的润滑脂流失而断油，最后烧坏电机与轴承。为此有人进行改进：另外加装一只电机，专门负责反转，原来的那只电机专门负责正转，但这样结构复杂、体积大、能耗高。在原来电机轴承中改用二硫化钼的 7011 润滑脂代替原润滑脂，上述故障不再出现，后经多年实践证明，此方案有效。

3.2.3　二硫化钼在磨床轴承的应用效果

1. 二硫化钼在内圆磨具的应用效果

该类万能磨的内圆磨具转速较高，为 1.4 万 r/min 以上，用普通锂基脂润滑该磨头轴承，由于温升过高轴承寿命短。后改用含二硫化钼的 7011 润滑脂后，这种问题便得到较好解决。同理在其他万能磨床如 BK5 捷制万能磨转速为 1.8 万 r/min 以上的高速风动磨头轴承的润滑，改用 7011 脂后均得到理想效果。

2. 二硫化钼在解决"秋丁"磨床工作台爬行的效果

某厂从瑞士进口的高精度"秋丁"磨床(型号 HTG-400)，在安装调试时发现工作台低速运动有严重爬行现象，无法正常完成对机床砂轮打磨的要求，因台面需作低速均匀的往复运动。

开始大家认为是工作台负载不均匀，故将机床工作台上的车头箱及另一边的尾架全卸下，但仍有爬行现象，后将工作台面也卸下，仅存活塞杆在油缸内左右往复运动，发现仍有爬行现象。这时才想到可能是活塞杆皮碗与油缸内壁产生摩擦而造成机床的爬行。找到了问题的根源后，在活塞杆皮碗上沾些二硫化钼粉末，再装进机床油缸内，开车后便不再发生爬行现象。

3. 二硫化钼在 M612 工具磨床的应用效果

该型号工具磨床和从捷克进口的 ToS-102 型工具磨床有些雷同。主轴转速高达 6000r/min。主要问题是在开车运转不到 2 小时主轴承已发烫，要停机冷却一段时间后才能再开车，否则轴承寿命短，维修频繁。针对这类问题往往有两种完全不同的方法。

(1)一般搞机械的工程技术人员喜欢用静压轴承方法，但这样一改要增加数十公斤油箱，还有压力表、油泵、节流阀、滤油器等一整套附属装置。原来的主轴滚动轴承将全部报废，要新做一套静压轴承与主轴。这种方法虽能解决磨头轴承的发烫等润滑问题，却不符合节能环保要求，因为改装机床的成本将大大增加。

(2)另一种是从润滑角度去分析和解决。在原工具磨头轴承里改用含二硫化钼的

7011 脂，同样可解决润滑故障问题且能节能环保。尽管每公斤 7011 脂比普通脂贵一些，但使用量少，全部费用只是静压轴承改装费的百分之一。

4. 二硫化钼在导轨磨床的应用效果

对一些龙门式导轨磨床（如 M5212 型）来说，工作台导轨易磨损、导轨爬行、横梁升降丝杠有噪声等问题是常见现象，为此可在上导轨处（工作台底部）镶嵌含二硫化钼的尼龙板，这样有利于抗磨、抗爬。横梁升降丝杆噪声与前面摇臂钻床升降丝杆噪声的消除方法相同。

5. 二硫化钼在曲轴磨床的应用效果

某厂在对一台 M8230 曲轴磨床进行大修理后的调试过程中，发现工作台面作低速往复运动时有严重爬行问题。这类问题从润滑角度解决是很轻松的事：在该机床导轨专用的手拉泵小油箱里添加些二硫化钼后，工作台导轨爬行现象便消失了。反之，若改装成静压导轨，所花的改装费用是前者的百倍。

6. 二硫化钼在中频高速内圆磨头轴承的应用效果

某机床厂生产的 MD215 内圆磨床的磨头转速高达 2.4 万 r/min，由中频高速电机直接带动，虽在内圆磨具内通水冷却，但轴承温度还是很高、脂易流失、轴承易损坏，后改用含二硫化钼的 7011 合成脂后效果明显改善：轴承在同样工况下，寿命延长 3～5 倍。

后来我们又在 M215 型内圆磨床（30000 r/min）的高速内圆磨具轴承里加入 7011 脂后，同样取得满意效果。

7. 二硫化钼在超高速风动磨头轴承的应用效果

5 万～6 万 r/min 的超高速风动内孔磨头，其轴承的润滑是个难题：其轴承往往寿命短，维修频繁。自从在该超高速轴承里加入含 MoS_2 的 7011 合成脂后，润滑性能大有改善，维修周期成倍延长。

8. 二硫化钼在"亚中"磨床的应用效果

某厂在一台"亚中"外圆磨头里的原润滑油内添加 3% 的二硫化钼粉末，促使外圆磨头轴承温度比原来下降 10℃ 以上。

3.2.4　二硫化钼在数控机床里的应用效果

(1)数控机床主轴转速一般比普通机床高 5～20 倍。因此主轴轴承温升快，主轴承温度过高是常见问题，遇到这类问题一般不懂润滑技术的人往往采用"一吹、二冷、三改造"的方法：①对高温轴承用压缩空气吹；②通水冷却；③加装空调机冷却或扩大润滑油箱容量。总之，为降低该处轴承温度过高，总是从外部带走热量，却很少想到让它本身少发热，即提高润滑材料的质量。用含有二硫化钼的 7011 脂后，数控机床主轴轴承的温度便降下来了。轴承在高速运行时温升减少了，就不用"一吹、二冷、三改造"的办法了。

(2)数控机床滚珠丝杠用二硫化钼。对于 GSK980TD 型数控机床来说，在实际使用中滚珠易磨损，从而会使机床加工精度有波动、不稳定。在滚珠丝杠里加入二硫化钼锂基脂，则使用寿命明显延长，机床波动也消失。

(3)磨床乳化液泵的定位套用二硫化钼效果。从日本引进的 5RCK-MF11 型数控凸轮磨床专用乳化液泵是往复式柱塞泵，其定位套是钢质，活塞杆也是钢质，是两种相同材料组成的摩擦副，其润滑工况恶劣，有时要烧坏定位钢套。改用二硫化钼锂基脂(3#)后，这些故障不再出现。

3.2.5　二硫化钼在铣床的应用效果

1．二硫化钼在 X52K 立式铣床的应用效果

X52K 立式铣床(图 3.4)是一种强力金属切削机床，又称 X5032 立式铣床，该机床刚性强，进给变速范围广，能承受重负荷切屑，属于铣床中广泛应用的一种。主要应用于模具加工、教学设备、汽车配件、煤机矿机、工程机械、风电制作、轨道交通、电子机械、航空航天、造纸印染等 20 多个行业。X5032 立式铣床主轴锥孔可直接或通过附件安装各种圆柱铣刀、圆片铣刀、成形铣刀、端面铣刀等，适于加工各种零件的平面、斜面、沟槽、孔等，是机械制造、模具、仪器、仪表、汽车、摩托车等行业的理想加工设备。

北京一机床厂生产的 X52K 立式铣床，它的升降台丝杠在工作时发出噪声是常事，特别是新机床和刚大修好后在试运行过程中，噪声更易发生。在丝杠与螺母(活灵)间加些二硫化钼油膏，收到了理想效果，还可彻底消除咬焊、电机过载、加油周

期短等缺陷。对于其他铣床如 X62W(图 3.5)等,工作台升降时有噪声,同样可用此方法根治。

图 3.4　X52K 立式铣床

图 3.5　X62W 铣床

X62W 铣床是卧式万能升降台铣床,其主轴锥孔可直接或通过附件安装各种圆柱铣刀、圆片铣刀、成形铣刀、端面铣刀等刀具,适于加工各种零件的平面、斜面、沟槽、孔等。该机床具有足够的刚性和功率,拥有强大的加工能力,能进行高速和承受重负荷的切削工作、齿轮加工。适合模具特殊钢加工、矿山设备、产业设备等重型大型机械加工。X62W 万能铣床的工作台可向左、向右各回转 45°,当工作台转动一定角度,采用分度头附件时,可以加工各种螺旋面。

2. 二硫化钼在进口铣床的应用效果

从匈牙利进口的 μf-22 万能铣床,它的工作台升降丝杠润滑装置,初看设计得非常完美和周到;将整个升降螺母安置在一个小油池内,即所谓"油浸式升降丝杠",他们认为这样在工作台升降时便不再有噪声了。但有一次,我们对该铣床进行大修后的试车过程中也产生了巨大噪声。为此,在升降丝杠上涂一些二硫化钼油膏即可避免噪声。

3.2.6　二硫化钼在刨床的应用效果

1. 二硫化钼在 B665 牛刨的应用效果

该机床在刚大修后(或新机床)的初期跑合阶段,它的主传动机构摇杆滑块与横销间因间隙小，常有"咬毛"现象。在该处加一些二硫化钼粉末，一般不会再出现"咬毛"现象。

2．二硫化钼在龙门刨床的应用效果

B115 单臂龙刨床的横梁升降丝杠也很容易产生噪声，这时将二硫化钼油膏涂于丝杠与螺母(活灵)间，便可消除运动中的噪声。它比导轨油、齿轮油或高黏度的汽缸油抗噪声效果均好。

3．二硫化钼在简易单臂龙门刨床导轨里的应用效果

工作台(宽×长=1m×3m)的简易单臂龙门刨床，其二根水平导轨原用 68#润滑油，切削深度仅 3mm 时就会产生导轨爬行。在原机油中添加 5%的二硫化钼后，结果在同样工况下切削深度达 6mm 仍不产生爬行现象。

3.2.7　二硫化钼在砂轮机的应用效果

砂轮机(图 3.6)是机械加工必不可少的机电设备之一，主要用来磨削各种刀具和工件的毛刺、锐边等。其主要是由基座、砂轮、电动机或其他动力源、托架、防护罩和给水器等所组成的。砂轮机除了具有磨削机床的某些共性要求外，还具有转速高、结构简单、适用面广、一般为手工操作等特点。砂轮机在制作刀具中使用频繁，一般无固定人员操作，有的维护保养较差，磨削操作中未遵守安全操作规程而造成的伤害事故也占相当比例。

图 3.6　砂轮机

大型砂轮机，其主轴轴承改用含二硫化钼的润滑脂后，它的滚动轴承寿命成倍增加，维修周期大大延长。

3.3　二硫化钼在非金属切削设备的润滑

3.3.1　二硫化钼在锻压设备的应用效果

锻压设备是指利用锤头、砧块、冲头或通过模具对坯料施加压力,使其产生塑性变形,从而获得所需形状和尺寸的工件的成形加工设备。锻压设备主要包括成形用的锻锤、液压机、螺旋压力机、机械压力机和伺服压力机等。随着我国钢铁、有色冶金、航空航天、铁路高速机车、船舶、核电、风电和军工等行业的发展,高性能工件的需求量越来越大,对锻压设备的要求也越来越高。锻压设备已成为工业领域必不可少的成形设备,在加工生产中的作用越来越重要。典型锻压设备有三种:锻锤、压力机和液压机。

锤类锻压设备是指以某种方式积蓄能量,对工件冲击做功来实现塑性变形的锻压设备,目前应用最为广泛的是以压力蒸汽或压缩空气作为工作介质的蒸汽/空气锤。锤类锻压设备的特点为:打击速度高(通常 5~7m/s)、金属流动性好、成形工艺好、生产效率高、结构简单、安装方便、价格便宜等。

压力机是采用机械传动的材料成形(塑性成形)设备,通过曲柄连杆机构获得材料成形所需的力和直线位移,从而使坯料获得确定的变形、制成所需的工件。可进行锻造、冲压等工艺,目前应用最为广泛的是机械压力机。机械压力机是介于锻锤和液压机之间的一类锻压设备,其工作速度既没有锻锤那样猛烈,也没有液压机那样缓慢,通常为 0.05~1.5m/s。压力机类锻压设备特点为:精度高,噪声小,便于机械化和自动化生产。

液压机是利用液体压力来传递能量的锻造机器,其基本作用原理是液体静压原理(帕斯卡原理):充满液体的密闭容器中,施加压力于任意点的单位外力,能传播至全部液体,其数值不变,其方向垂直于容器表面。液压机类锻压设备容易获得大的压力和大的工作行程,工作速度缓慢,通常 0.001~0.15m/s,速度调节方便,工作平稳。

1. 60t 可倾式冲床的润滑技术

可倾冲床(图 3.7)是通用性锻压设备,适用于各种金属板料的剪切、落料、冲孔、成形、弯曲、浅拉伸等多种冲压工艺，机身可倾斜，是各工业部门冲压生产中的主要设备之一。可倾冲床与深喉冲床不同：可倾冲床一般速度在 200 次以下，而深喉冲床速度一般在 200～1000 次以内；普通的有手动的、脚踩的，而深喉冲床都是数控的，全自动送料；普通的精度上有一般的和精密的，而深喉冲床都是精密的。

图 3.7   可倾冲床

可倾冲床各工厂拥有量大，普遍存在的问题是主轴瓦铜套的润滑剂因选用不当，存在漏油、断油、加油周期短、曲轴瓦润滑事故多等一系列问题，这时只要选用 3# 二硫化钼锂基脂替代原润滑油，上述问题便一扫而光。

除 60t 外，还有 5t、10t、15t、50t、100t 等中小型冲床均可推广使用。

2. 二硫化钼在大型冲床中的应用效果

对于 160t 冲床而言，它的曲轴、大型齿轮等重要部件均在 3m 左右的高空运转，下面油泵将润滑油不断送上去后便不再回收，这样下面操作工人往往是滴油的直接受害者，这不但浪费机油，也不利于文明生产。后来对该机床的润滑系统进行改造，用 3# 二硫化钼锂基替代原液体油润滑(加脂周期视实际工况而定，每 1～2 周或一个月添加一次)，将原设计的小油箱、油泵、压力表、分油器、油管等一整套润滑装置拆除。这一方法经数十年实际应用，证明可靠、有效。

3. 二硫化钼在龙门剪床中的应用效果

一般 12×1525 型龙门式大剪床的曲轴瓦等处，原设计均用 46#液压油作润滑剂（过去用 46#机械油），结果铜轴瓦处漏油。若不及时补充新油，就会产生断油而烧坏轴瓦，因此轴瓦长期处于加油周期短（每班加）、漏油严重、维修工作量大等问题中。改用二硫化钼锂基脂(3#)后，这些故障彻底消失。

4. 二硫化钼在摩擦压力机中的应用效果

有台新安装的 300t 大型摩擦压力机，在调试过程中产生立式大丝杆与螺母（活灵）间噪声严重，并冒出青烟且金属铜粉末被磨损下来，这说明该处润滑设计有问题。后来改用二硫化钼油膏替代原润滑油，再试车发现上述故障消失。

5. 二硫化钼在 1t 夹板锤的应用效果

某锻造车间有台 1t 夹板锤，它的齿轮箱中加入的是普通机油，不但出现轴承温度过高，而且漏油严重。在原齿轮箱润滑油里添加了一些二硫化钼，且轴承套预先喷涂一些二硫化钼粉末，这样处理后再投入生产使用，则上述润滑问题明显改善。

3.3.2　二硫化钼在铸造设备的应用效果

铸造是现代机械制造工业的基础工艺之一。铸造作为一种金属热加工工艺，在我国发展逐步成熟。铸造机械设备就是利用这种技术将金属熔炼成符合一定要求的液体并浇进铸型中，经冷却凝固、清整处理后得到有预定形状、尺寸和性能的铸件的能用到的所有机械设备，又称铸造设备。铸造设备包括混砂机、落砂机、抛丸机、制芯机、造型机、浇注机等。也可以把与铸造相关的机械设备都归属铸造设备。

1. 二硫化钼在离心铸造机轴承中的应用效果

将液态金属浇入旋转的铸型里，在离心力作用下充型并凝固成铸件的铸造方法叫离心铸造，离心铸造用的机器为离心铸造机。离心铸造的特点是金属液在离心力作用下充型和凝固，金属补缩效果好、铸件组织致密，力学性能好；铸造空心铸件不需浇冒口，金属利用率可大大提高。因此对某些特定形状的铸件来说，离心铸造是一种节省材料、节省能耗、高效益的工艺，但须注意采取有效的安全措施。

将 1500℃左右的液态高温铁水注入卧式高速旋转的模具内，铁水冷却后便成了发动机的缸套坯料。由于轴承受高温铁水的辐射热，再加上摩擦产生的热量，使润滑脂过早流失，以至于要每周加二次润滑脂。自使用 3#二硫化钼复合钙基脂(也可用二硫化钼锂基脂)后，添加润滑脂的周期成倍延长了，达 1～2 个月才补充一次。

2. 二硫化钼在混砂机的应用效果

混砂机(图 3.8)在铸造行业应用非常广泛，可与震实台、翻转机、辊道等辅助设备组成造型或制芯机械化流水线。混砂机是铸造砂处理型砂混制的主要设备，也是获得合格型砂的关键设备。近年来，随着铸造生产机械化和自动化的不断发展，混砂机的形式、结构和技术经济指标都有很大发展，并涌现出一批新型、高效混砂机。从型砂混合类型分析，黏土砂主要使用辗轮混砂机、辗轮转子混砂机和双辗盘混砂机；油类砂主要使用叶片混砂机和转子混砂机；混合化学黏结剂的自硬砂，主要采用叶片式连续混砂机和螺旋式混砂机；覆膜砂主要采用叶片式混砂机和摆轮式混砂机；流态砂主要采用叶片式高速连续混砂机。

图 3.8　混砂机

混砂机旋转轴承用普通润滑脂时轴承温度高，脂易流失，需每周添加润滑脂。自改用 3#二硫化钼锂基脂后，情况大有好转：要数月才补充一次润滑脂，且轴承温度也明显下降。

3. 二硫化钼在抛丸机透平喷头轴承中的应用效果

该机器工作原理有些像离心式水泵，当然被离出的不是水而是铁丸。为此负荷大、还有冲击载荷、润滑脂流失严重，导致透平喷头轴承(7312 型)损坏严重，平均每 1～2 个月要更换一套轴承。自改用 3#二硫化钼锂基脂（后改用 7011 脂）后，上述故障不再出现，维修周期延长了几倍。

4. 二硫化钼在木工铣床里的应用效果

大型木工铣床 MX5210 型在新机床调试时发生了不少润滑故障：如铣头主轴承发烫、脂流失严重、龙门架横梁升降时有噪声。我们使用二硫化钼润滑剂，上述故障不再出现。说明完全按照新机床说明书里规定的（或推荐的）润滑材料加入机器里往往不一定是最好的。

5. 二硫化钼在铁水仓蜗轮副轴承中的应用效果

用蜗轮副使铁水仓能倾倒铁水，该处轴承温度相当高，导致一般润滑脂流失严重，需每天补充。自改用二硫化钼复合钙基脂后，补充脂的时间成倍添加。若改用 7011（或 7020）后效果更好。

3.3.3　二硫化钼在工业炉窑里应用效果

1. 二硫化钼在立式烘房传送链减速机轴承的应用效果

烘房又称烘干固化房，针对大型电气、电机、涂料、化学用品的外表进行固化，对食品及各类产品的水分进行烘干。其热风循环系统使工作室温度分布均匀，其低噪声风机系统创造了安静的工作环境。大型立式烘房是加热铸造用泥芯，炉内温度一般不超过 150℃，但普通润滑脂也不能胜任，故流失严重，需每周添加二次以上。自改用二硫化钼复合钙基脂（3#二硫化钼锂基脂也行）后，添加脂的周期延长至数月，基本消除了脂的流失问题。大大减少了润滑操作者的高空作业量。

2. 二硫化钼在台车式加热炉走轮轴承的应用效果

台车式加热炉（图 3.9）是一种用台车将大型碳钢、合金钢零件送入，可对零件进行加热、退火、正火、调质、表面淬火、回火、焊接消应力退火等热处理工艺的大型加热炉。台车式加热炉可用电加热或燃料加热。台车式加热炉按用途的不同，其内部工作温度差异较大，一般铸造车间温度低，但温度也达数百度，而对于锻造车间，因要加热钢锭，故其工作温度要达上千度或以上。因台车下面的走轮轴承有砂封槽，故轴承温度大大低于炉内的温度。但是普通的润滑脂在实际工作时也会产生严重流失。自改用二硫化钼锂基脂后，情况大有改善。改用 7020 脂就更好了，因它耐温达 300℃。

图 3.9　台车式加热炉

3．二硫化钼在渗碳炉顶马达轴承的应用效果

热处理车间的立式渗碳炉顶搅拌马达轴承，因受炉膛内高温辐射热，导致轴承内润滑脂流失严重。为防止流下的脂渗到炉膛里起火，便在轴承下面装一只甩油盘，专门将流下的润滑脂向四周甩出。这样当操作工人前去观察温度计时往往被油溅射。改用二硫化钼锂基脂后情况大有改善，后来改用 7011、7014 脂效果就更理想了。

3.3.4　二硫化钼在电力设备的应用效果

随着社会的发展，电力需求越来越大，电力设备的负荷也不断增加，由于电力设备大多位于室外，在长期的风雨侵袭下，难免会产生损坏而引起电力系统故障。电力设备是指电力系统中各种发电、变电、输配电和用电设备及其相互关联的设备的总称，具体包括发电机、变压器、电力线路、开关元件等。电力设备是电力系统的基本组成部分，其安全运行直接构成电力系统安全稳定运行的基础。目前，电力企业主要通过检修的方法来确保电力设备安全运行，其中状态检修更能降低检修成本、缩短检修停电时间、延长设备寿命，从事故检修、定期检修到状态维修，这是历史的必然。电力设备状态检修与设备运行的可靠性、经济性紧密相关。

1. 二硫化钼在电动机轴承中的应用效果

我们对 0.35～480kW 各类电动机(总数超一万只大小不同的电机)轴承中改用二硫化钼锂基脂，替代原来高温钠基脂后取得很好的润滑效果：

(1)电机轴承寿命延长，从而维修周期延长；

(2)润滑脂耗量相对减少；

(3)耐高温性好；

(4)因轴承温度下降，脂流失减少了、电机线圈较干净了；

(5)虽二硫化钼脂是黑色，但电机轴承清洗反而方便；

(6)节约用电；

(7)有的电机轴承里加入高质量的二硫化钼锂基后，可实现终身润滑，即在轴承里加一次脂后，以后就不必再添加润滑脂了。

这些效果均是通过 30 年以上的实践给予证明的。

2. 二硫化钼在中频发电机组中的应用效果

湘潭电机厂产 100kW 中频发电机组，原用普通锂基脂润滑立式铁心回转轴的止推轴承，但由于其负载大、转速高，使轴承温度过高，脂易流失，导致轴承寿命短、抢修次数频繁等。从改用含二硫化钼的 7011 脂后，上述问题不再出现。

3. 二硫化钼在导轨淬硬机导电滚轮中的应用效果

为增加大修理后机床导轨表面的耐磨性，常常需要用导轨淬火机淬硬。导轨淬火机安装在火焰割刀用自动行走机上，其导电紫铜滚轮通过大电流低电压(3V)。紫铜滚轮与轮轴间需要润滑。若用普通润滑剂，则该处大电流易产生高温致油脂流失，可能导致轮轴咬死使紫铜滚轮不转动，这样导轨就无法进行淬硬。改用二硫化钼锂基脂润滑紫铜轮内孔后，这些润滑缺陷便消失了。

有些机械厂自制的这类导轨淬硬机因导电滚轮润滑技术不过关，导致整机停产甚至报废。上柴厂这方面因推广使用二硫化钼，则该机器润滑性能好，数十年一直正常运转着。

4. 二硫化钼在磁带录音机上的使用效果

有些录音机磁带在运行时，因摩擦产生大量静电，导致吸引灰尘云集磁带，这样，机器出现故障的次数增多导致寿命缩短。加入少量二硫化钼粉末后，这些现象明显改善。说明二硫化钼不但可减磨，还能减少静电。

3.3.5　二硫化钼在动力设备的应用效果

工业企业的动力设备是指企业内所有用于发生(生产)、变换、分配、传输各种基本功能(如电能、热能、压缩空气、燃气等)及其他各种气体、液体的设备和管线。动力设备及其传导管线是企业生产活动的心脏和动脉，只有确保动力设备安全可靠、经济合理地运行，才能保障生产的正常运行。因此，动力设备的技术状况和管理及维修，将直接影响企业的安全生产、能源消耗、工艺质量、职工人身安全和环境保护，以及企业的经济效益和社会效益。动力设备按在动力体系中所处的环节不同，分为以下几种。

(1)动力发生设备。如蒸汽锅炉、蒸汽机、锅驼机、汽轮机、汽油机、柴油机、发电机等。

(2)动力输送及分配设备。如变压器、配电盘、整流器等。

(3)动力消费设备。如电动机、电炉、电解槽、风镐、电焊机、电气器械等。

1. 二硫化钼在引风机轴承中的应用效果

引风机是依靠输入的机械能，提高气体压力并排送气体的机械，是一种从动的流体机械。引风机广泛用于工厂、矿井、隧道、冷却塔、车辆、船舶、建筑物的通风、排尘和冷却；锅炉和工业炉窑的通风和引风；空气调节设备和家用电器设备中的冷却和通风；气垫船的充气和推进等。

锅炉抽烟气的引风机(图 3.10)轴承中用普通润滑脂时，每周要补充脂 2 次以上。自改用二硫化钼锂基脂后，加脂时间成倍延长，达数月才添加一次，效果非常明显。

图 3.10　锅炉引风机

2. 二硫化钼在大型空压机电机轴承中的应用效果

对于驱动 90m³ 空压机的数百千瓦电机,其轴承(3636 型)原在运行过程中因脂易流失,需要经常补充润滑脂,改用二硫化钼锂基脂后,使用 3 年而没有再添加润滑脂,即达到了一个检修周期。

3. 二硫化钼在水泵轴承里应用效果

水泵(图 3.11)是我国工业领域最主要的耗能设备之一,用量大,涉及面广,被广泛应用于农田排灌、石油化工、动力工业、建筑、城市给排水、核电、火力发电、冶金采矿和船舶工业等领域,其耗电量约占全国总发电量的 20%。水泵是输送液体或使液体增压的机械,它将原动机的机械能或其他外部能量传送给液体,使液体能量增加,主要用来输送液体包括水、油、酸碱液、乳化液、悬乳液和液态金属等,也可输送液体、气体混合物以及含悬浮固体物的液体。

图 3.11　水泵

对于 20kW 以上较大水泵，其轴承原来每周要补加润滑脂，自改用二硫化钼锂基脂后，加脂周期延长 10 倍以上。

3.4　二硫化钼在起重运输设备的应用

起重运输设备也叫物料搬运设备。我国起重运输机械行业从 20 世纪五六十年代开始建立并逐步发展壮大，已形成了各种门类的产品范围和庞大的企业群体，服务于国民经济各行各业。随着生产规模的扩大，自动化程度的提高，起重运输设备在现代化生产过程中应用越来越广，作用越来越大。

1．二硫化钼在电瓶车减速齿箱中的应用效果

大型机械厂内部短途运输常见的 2t 电瓶车，它的减速齿箱原来多数用普通齿轮油，其存在的问题是油箱温度高、易渗油，若不及时添加油，等齿轮油漏完会造成断油形成干摩擦，损坏传动齿轮。自在原齿箱内改用二硫化钼油剂后，不但上述故障不再出现，且同样工况下，车辆滑行性能好、滑行距离大，说明有节能效果。

2．二硫化钼在解放牌载重汽车中的应用效果

二硫化钼在解放牌载重汽车里除了发动机外，其余的如变速箱、差速器及其他凡需加润滑脂的部位（包括万向节），分别可在原油箱内添加 5%二硫化钼粉末或直接用二硫化钼锂基脂替代原钙基脂。实际应用中有明显效果：滑行距离远、添加油脂周期长、能耗下降等。

3．二硫化钼在重型汽车转向器车厢的应用效果

对于黄河牌等一些重卡转向器车厢里润滑油容易漏油，改用二硫化钼油膏后，就不再漏油了。

4．二硫化钼在铲车方面的应用效果

有台 5t 电瓶铲车转向器，其滚珠丝杆原用普通工业脂，结果使用周期短、脂易流失、润滑性欠佳。自改用二硫化钼锂基脂后，上述问题全部消失。对于 5t 柴油机铲车齿轮箱，在原机油中添加 5%二硫化钼粉末后，齿箱添油周期大大延长、润滑性能大有改善，油箱温度下降 5～10℃。

5. 二硫化钼在皮带输送机滚道轴承中的应用效果

皮带输送机滚道众多，过去加黄干油（3#工业脂），结果出现脂易流失、需要不断添加才行。自改用二硫化钼锂基脂后就好转了。

6. 二硫化钼在单梁起重机电动葫芦齿箱的应用效果

单梁起重机（图3.12）通常是指单梁桥式起重机，其起重小车常为手拉葫芦、电动葫芦或用葫芦作为起升机构部件装配而成。单梁桥式起重机广泛应用于机械制造车间、冶金车间、石油、石化、港口、铁路、民航、电站、造纸、建材、电子等行业的车间、仓库、料场等，是现代大工业生产中不可缺少的重要设备。具有外形尺寸紧凑、建筑净空高度低、自重轻、轮压小等优点。但作为一种大型承重机械，一旦出现事故，不但影响生产，甚至造成车毁人亡，因此对其强度和刚度提出较高的要求。

一般2t、3t、5t单梁起重机的电动葫芦齿箱是加齿轮油的，其存在的问题是齿箱易渗漏、加油周期短。为此有人便在该葫芦齿箱下装一只存油的小油盘，这样行车开动时小油盘在下面晃动，油盘装满油后若不及时处理，很易溢出，不利文明生产。自改用二硫化钼齿轮油膏后，这些问题便轻易解决。

7. 二硫化钼锂基脂在桥式起重机走轮轴承内的应用效果

双梁起重机在室内外工矿企业、钢铁化工、铁路交通、港口码头以及物流周转等部门和场所均得到广泛应用。一般桥式双梁起重机（即天车）多数是5t、10t、15t、20t、30t、50t、75t、100t，这些大小起重机的走轮滚动轴承里加的是普通钙基脂，使用寿命不长，特别是铸造车间等热加工设备上空的起重机走轮里的脂很易流失，需每周加脂1～2次。

自改用二硫化钼锂基脂后，这些缺陷已经消失。

8. 斗式提升机轴承中二硫化钼的应用效果

斗式提升机（图3.13）具有输送量大、提升高度高、运行平稳可靠、寿命长等优点。斗式提升机适于输送粉状、粒状及小块状的无磨琢性及磨琢性小的物料，如煤、水泥、石块、砂、粘土、矿石等，如果提升机的牵引机构是环行链条，则允许输送温度较高的材料。斗式提升机的工作原理是：供应物料通过振动台投入料斗后，机器自动连续运转向上运送，随着输送带或链提升到顶部，绕过顶轮后向下翻转，斗式提升机将物料倾入接受槽内。斗式提升机适用于由低处往高处提升。斗式提升机一般都装有机壳，以防止斗式提升机中的粉尘飞扬。

图 3.12　单梁起重机

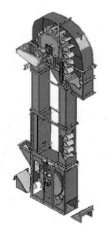

图 3.13　斗式提升机

不少斗式提升机轴承因没有重视润滑问题，如随便加些工业脂，导致润滑脂因日晒、雨淋而流失，这样，维修人员要经常爬到高空添加油脂，甚至因出现事故而抢修。改用二硫化钼锂基脂后，维修人员的高空作业次数大大减少，符合节能、环保、安全生产的要求。

3.5　二硫化钼在重型机械的应用

重型机械行业是装备制造业中从事大型、重型和成套、成线的重大技术装备的产业，属于"母机"制造行业，重型机械行业为基础工业提供重大装备，是基础工业的基础。重型机械行业在国民经济发展中具有举足轻重的地位，是关系国家安全和国民经济命脉的支柱产业，是国家工业化的脊梁和综合国力的重要体现。

1. 万匹马力柴油机曲轴瓦装配用二硫化钼

万匹马力重型柴油机的半片曲轴瓦也有数百千克重，且在曲轴就位后才将它滑进机体内，由于曲轴箱机体座与轴瓦外壳均是相同的低碳钢，相同材料作相对摩擦很易产生咬毛即胶合。因此不管加何种机油效果均不理想。这时用二硫化钼加在这对相同材料的摩擦副间，胶合现象立即消除。

2. 大型电厂吊装用可倾"把杆"的横销孔润滑难题解决

某大型电厂在吊装数百吨发电机组时，常常用起重"把杆"。该可倾式"把杆"底部横销属典型的低速重负荷摩擦副。其在工作时虽摆动的角度不大，却很容易咬毛(咬死)，故润滑工况恶劣。用二硫化钼润滑该摩擦副，则上述故障不再出现，横销可自由摆动了。

3. 3t 空气锤汽缸壁涂二硫化钼解决早期拉缸

锻造厂用 3t 空气模锻锤是个大家伙，仅它的一个部件砧座重达 59t。对这类大机器大修理时总希望一次能成功，但实际上由于刚大修好的汽缸壁与活塞均是新加工的，其间隙相对较小，在大修好后的早期试运转时很易造成缸壁的拉缸。在大修理后安装活塞前，事先把汽缸内壁喷涂一些二硫化钼淡金水膜，则再试运行时，不再出现拉缸。这样能安全地度过早期磨损阶段，当然原来的润滑方法不变。这一方法经多次实践证明有效。

若能将此汽锤汽缸内的活塞环改用塑料王聚四氟乙烯与润滑之王二硫化钼二者组成的双王搭配活塞环，那对该大型汽锤活塞在汽缸里安全运行更有保障、拉缸问题更易消除。

4. 1600t 冲床主轴瓦早期磨损问题的预防

从捷克引进的 1600t 大型冲床，它的偏心主轴套直径达 $\Phi 700mm$ 以上，在刚大修后的磨合试运行中极易产生抱轴等咬死现象。而该大型机器的车间起重机的起吊量最大仅 5t，为此在检修时不得不另竖立"把杆"来起吊那些远超过 5t 的大零件。由于反复拆装，检修工作量极大。

但自从对该偏心轴与铜套间加了一些二硫化钼后，再磨合试车便不再产生抱轴等严重故障。这样，二硫化钼帮助这类大型机器安全地度过了磨合阶段的危险期。

5. 球磨机用二硫化钼

球磨机是水泥、陶瓷、冶金以及塑料粉末生产等企业中物料粉碎不可缺少的重要设备，目前有相当多的球磨机及其拖动系统还处于非经济运行状态。球磨机启动的大电流、运行的低效率，是造成球磨机工作时电能严重浪费的主要原因。各类球磨机大致相同，属于低速重载设备。卧式回转窑式球磨机是冶金、矿山、水泥等企业常见的大型生产设备，二硫化钼可在该设备内得到多方面应用：

(1)在大型开式齿轮上用二硫化钼油膏后，可延长齿轮加油周期和提高齿轮使用寿命，从而减少对环境污染；

(2)提高托轮与轮带寿命；

(3)对传动齿箱加适量二硫化钼油膏可解决齿箱早期磨损；

(4)当二硫化钼与铜粉适量掺配后，可解决高温(如400℃)工况下的球磨机托轮润滑。

6. 掘进机(循构)传动大齿轮上二硫化钼应用

某工程为打 $\Phi3m$ 直径山洞，在制造掘进机(循构)时怕传动齿轮磨损，事先做好大齿、小齿各一对备件，但对润滑技术却很少有人考虑，随便加一些油脂。当打1500m长山洞至接近1/2时，发现齿轮开始磨损严重，虽洞口有一对备件，但无法立即进行更换，这时才想到润滑问题。在我们建议下涂一些二硫化钼油膏，才把剩下一段山洞打通。

3.6　二硫化钼实施无油润滑实例

无油润滑是指不使用润滑油的润滑，利用具有自润滑效果的材料，无论是在设备维修，还是在材料消耗，无油润滑的方式有着许多天然优势，同时也将带来相当可观的经济效益。自润滑指的是由于材料、物体本身的特性，该物质的摩擦系数很低，使用时不需要或者少需要其他润滑剂，或者该物质在使用中磨损下来的材料，能够在与之相结合的材料表面形成薄层润滑膜，达到润滑效果。

1. C616 车头箱使用二硫化钼无油润滑的意义

C616车床是常见普通机床，虽车头箱不大每次加7~8kg机油就行，但该机床有根通向挂轮箱的传动轴，其处于车头油箱底部，属动密封，极易漏油。仅车头箱每年要耗油 50～60kg（包经常添油、清洗换油），若该机床被安装在楼上，则大量漏下的机油会直接污染水泥楼板，时间一长导致水泥楼板疏松、水泥构件报废变成危房。上海柴油机厂早在 1965 年就对一台 C616 车头箱大胆改用二硫化钼成膜剂，把二硫化钼成膜剂涂于车头箱的所有齿面，除花键轴与滚动轴承加一些二硫化钼脂外，整个车头齿轮箱没有用一滴液体润滑油，且把油管、甩油盘、引油槽等液体润滑装置拆除，实现干膜润滑。

我们先后对数十台 C616 车床进行同样实践，有的总使用时间长达 20 年以上，因超过机床役龄而报废才收场。更可喜的是得到其他兄弟单位广泛推广使用。C616 车头箱里使用二硫化钼干膜实现无油润滑为其他齿箱实施无油润滑开了先例。

2. C620-1 车头箱用二硫化钼成膜剂失败

C620-1 车床（图 3.14）由电机带动，全部采用机械传动，主轴箱润滑油由油泵供给，其余润滑部位每日要进行加油润滑。C620-1 车头箱结构远比 C616 车头箱复杂，它除了众多传动齿轮及变速齿轮外，还有拨叉、摩擦片、铜套、花钻轴、凸轮、凤凰销、滚动和滑动轴承等，几乎包括常见的所有机械结构件，我们虽然对它也涂二硫化钼成膜剂，拆除油泵、油管，还先后坚持使用 5～6 年时间，但是总体而言是不成功，因该车头箱使用二硫化钼成膜剂不再加液体机油，虽实现了无油润滑，但产生其他一些新故障：如噪声大、摩擦片涂的干膜使用寿命短、拨叉易磨损、机件损坏较多，维修频繁，后来又恢复普通机油了。

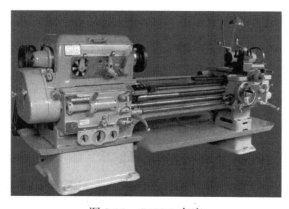

图 3.14　C620-1 车床

3．Z535 立钻主变速箱实现无油润滑意义

Z535 型立式钻床主轴变速箱处在离地面 2m 左右高处，正好在操作者头顶上面，该主轴花键轴处漏下的机油往往要滴到工人头部。改用二硫化钼成膜剂（方法与 C616 车头相同）后，便把该机床内原有的油泵、油管等拆除，漏油这个多年难题迎刃而解。我们经多台、多年实践证明效果不错，还推广到 Z525、Z550 立式钻床，用同样的方法解决了主变速箱的漏油难题。但该立钻的进给齿箱没有实践过。

4．二硫化钼成膜剂在 X6022 铣床里应用效果

由于该机床正巧安装在二楼，漏油问题更严重，导致水泥楼板疏松，加上该机床制造质量差等先天问题，导致长期漏油无法解决，自从利用该机床一次大修理机会，对其全部齿轮进行清洗干洗、喷砂处理，再涂二硫化钼成膜剂（BM-3），后烘干（150℃、3 小时），最后装配时对所有轴承及拨叉、花键轴等活动部位加二硫化钼锂基脂，这样便可实行无液体油运行，当然不存在什么漏油。这种处理使该机床平稳地使用达十年时间之久。

5．5t 桥式起重机主牙箱用二硫化钼解决漏油难题

某铸造厂有台 5t 桥式双梁起重机车，在驾驶员上下的扶梯处下方那只砂箱里的铸件总是报废，找不到原因，后来观察这台 5t "天车"，每当驾驶员休息时天车就停在扶梯口上方，从主牙箱里漏下的机油正好滴在下面砂箱里，等后来砂箱合箱浇注时，遇到 1500℃左右铁水，砂箱内机油马上气化，造成铸铁件因有气孔而报废。为此我们改用二硫化钼成膜剂，由于不再加液体机油，因漏油导致铸件报废的问题得到彻底解决，实施方法与前面的 C616 车头箱无油润滑工艺相同。

6．二硫化钼解决 160t 冲剪机主牙箱漏油难题

160t 冲剪机床主减速箱上盖是焊接铁皮箱，密封性极差，一开动机器则漏油满地，长期得不到满意解决。改用二硫化钼成膜剂进行干膜润滑，齿面因滚动轴承内侧飞出少量的二硫化钼基脂而起到保膜作用。由于不再使用齿轮油等液体，漏油这个难题被彻底根治，经十年实践证明效果不错。

7. 10t 锅炉抛煤机齿箱里应用二硫化钼干膜效果好

10t、20t 等中型工业锅炉,它的抛煤机齿箱就装在炽热的炉门口,为此里面的齿轮油受不了这么高的温度烘烤,早已稀释,渗漏严重,往往从二楼的操作层面直漏到底层。自从改用二硫化钼干膜剂,不再加液体齿轮油,这个难题被彻底攻破。通过十年实践证明行之有效,受到锅炉操作工人好评。

8. 二硫化钼干膜在解剖柴油机展品上应用

在展览会上往往看到解剖柴油机:汽缸等主要部件被切割掉 1/4,这样发动机活塞上下运动就可清楚看到,但这时却不能用原来的油泵、油管等润滑装置。虽活塞上下速度从每分钟 1500～2000 次下降至 20～30 次,但因里面机件由小电机带动有运动,故有摩擦,也要润滑,因不能加机油,这时用二硫化钼干膜解决解剖柴油机润滑问题是最合适的措施。我们先后在出口阿尔巴尼亚、日本、东南亚各国 135 型柴油机的多台展品,因全是解剖机,均涂上二硫化钼干膜。由于无滴油,这样做到了清洁美观,并达到润滑的效果。

9. 用二硫化钼解决出口破碎机齿箱漏油问题

出口至巴基斯坦、坦桑尼亚等热带国家的鳄式破碎机齿箱的漏油难题长期得不到解决,后来这些机器在上海建设机器厂装配前预先对齿轮进行二硫化钼干膜涂复,齿轮箱轴承也加二硫化钼锂基脂,其少量粘在啮合齿面上正好对二硫化钼干膜起到保膜作用。装配后试车成功,这样成批出口至热带国家的破碎机因加二硫化钼而彻底解决漏油这个难题。

10. 二硫化钼润滑膜解决走刀箱漏油

由于美制"利门"车床的走刀箱无有效密封措施,当加入机油时马上变成漏油的设备。为此,我们改用二硫化钼成膜剂。由于变成了无油齿轮箱,漏油问题便迎刃而解。

11. 二硫化钼在动力头齿箱的应用效果

2.8kW 动力头齿箱是立式的,即倒挂式,专用于加工 135 柴油机的排气管。该动力头齿箱原用 N46#机油，但由于倒挂而漏油严重。改用二硫化钼成膜剂后，由于不再加液体机油，漏油这个长期未能解决的难题轻易解决了。该方案经多年实践证明效果好。后来在 4.5kW 动力头等多台类似的齿轮箱里得到广泛推广。

12．总结

由二硫化钼干膜剂改成的无油齿箱，经数千台设备的齿箱内实践，除 C620-1 车头箱没有成功外，其他的应用均成功。说明二硫化钼干膜成膜剂技术在一些低速、简易的齿轮箱或部件内应用，可促使这些齿箱或部件出现无油润滑甚至终生润滑，这将是润滑技术的一次重大革命。

第4章　二硫化钼润滑失败案例分析

二硫化钼润滑剂使用面很广，能解决许多润滑难题，但它不是万能的，若使用不当，不但没有好的效果，还会引起副作用。

1. 二硫化钼在液体里使用易产生沉淀

二硫化钼的比重分别是水、油等液体的 4.8～6 倍，若直接加入这些液体内，产生沉淀是必然的。机器停机后重新开机，因全部沉淀在液箱底部，导致泵出的液体内无二硫化钼。有时还会堵塞管路，不利流体畅通。

改进方法：

(1) 机械法，即在水箱(或油箱)底部安装搅拌器。

(2) 化学法，即在二硫化钼油剂里加入悬浮稳定剂。

(3) 随着二硫化钼超细粉末及纳米级二硫化钼的出现，其沉淀难题更易解决。

2. 二硫化钼蜡笔使用效果不佳原因分析

在使用二硫化钼蜡笔时，要将切削刀具预热后再涂蜡笔，否则效果差。在刀刃与工件接触并摩擦产生一定热量后，再涂蜡笔效果好。如对于钻小孔(一般是 $\Phi1$～$\Phi6$)，先把旋转钻头对工件接触几秒钟，使钻头产生一定热量，再将蜡笔接触到钻头上，就起到作用了。再有就是要找对使用对象，二硫化钼蜡笔用于小孔加工的钻头及锯割无缝钢管的锯片处涂最有效，其他如车刀、刨刀、铣刀等处用二硫化钼蜡笔成功率相对要低。

3. 二硫化钼用于升降丝杠效果不佳的原因分析

二硫化钼油膏(含二硫化钼 10%～30%)涂于升降丝杠成功率相对较高，但有时也会失败，主要原因有三：

(1) 把仅含 3%以下的二硫化钼脂当作油膏使用，即二硫化钼含量太低。

(2) 虽加入二硫化钼油膏，但没有加到正确部位。如二硫化钼没有加到丝杠与活灵(螺母)的活动部分。

(3)把含有环氧树脂的 BM-3 二硫化钼成膜剂当油膏使用加入丝杆中，结果时间一长固化失败。如有人在 C534 立车横梁升降丝杠处涂 BM-3，结果当时解决了升降丝杠的噪声，可没过几天，因凝固导致升降丝杠不能转动，造成整机停产。

4．二硫化钼油剂、油膏混用

二硫化钼油剂含二硫化钼在 15%以下，使用过程要稀释到 1%～5%；二硫化钼油膏中二硫化钼的含量在 25%～40%或更高，直接使用而不稀释。油膏产品经常用于升降丝杠防噪声及低速导轨抗爬行。二者区别很大，不能混用。

5．轴承中误用二硫化钼成膜剂(BM-3)

不论滚动轴承还是滑动轴承，均不能用二硫化钼成膜剂即 BM-3，因它的配方中有树脂及固化剂等物，易导致滑动轴承的油孔堵塞、滚动轴承滚不动等故障。由于外观也是黑色，在工厂的现场这类故障很易出现，因此要特别注意，少犯或不犯这类低级错误。

6．把石墨脂当作二硫化钼脂使用

二硫化钼脂和石墨脂均是黑色，人们往往难以区分。实际使用中，有人误把石墨脂当二硫化钼脂使用的情况也出现。另外，二硫化钼售价比石墨高，故有人把石墨脂当二硫化钼卖，要当心这现象。

7．二硫化钼成膜剂在齿轮上不易产生胆瓶壳的原因分析

二硫化钼成膜剂喷涂或刷涂在预处理过的齿轮上，然后进行烘干处理以实现无油润滑。运转过程中，若齿轮的啮合面产生胆瓶壳式是最理想的，反之若产生黄斑、拉伤、生锈，说明齿轮或者负载过大或者转速太高或者成膜剂质量差，唯一办法是在齿面刷一些二硫化钼锂基脂或涂一些二硫化钼油膏，以起到保护底膜的作用，这些措施只适用于低速、轻载的情况。总之，衡量二硫化钼无油齿箱的成败，是以啮合齿面是否有胆瓶壳为标准，有胆瓶壳，就可正常运行；无胆瓶壳，可能失败了。

8．加入二硫化钼锂基脂为何轴承温度反而升得更高

某厂有台从德国进口的大型水力测功机，可测定 2000 马力。在一次大修后其

主轴承改用二硫化钼 3#锂基脂，但开车不久(约 20 分钟)便出现轴承温度过高，比不用二硫化钼锂基脂的温度还高，且伴随较大振动。这时，有人打算改为静压轴承或用机油泵强制润滑，但后来发现滚动轴承里脂量太多、加得太满，导致在高转速下产生高温。

找到故障根源，解决方法就简单了。只要将轴承壳底部的放油孔用铁丝捅几下，让过多的脂流失一些，使轴承腔内有一定的空间。脂少了内摩擦也少了，温度也就降下来了，一切变正常了。

9. 二硫化钼油膏用于高速导轨易咬死

二硫化钼油膏用于低速导轨防爬行有很好的作用，但对于每分钟往复 60 次以上的高速导轨是危险的：它易产生摩擦阻力过大、产生局部高温而咬毛导轨。如 B665 牛刨床滑枕导轨作高速往复运动时若加入二硫化钼油膏，易出事故，要特别注意。

10. 冲击负荷下不宜用二硫化钼干膜

若有冲击载荷的齿箱(如倒、顺车频繁的齿箱)不宜用二硫化钼干膜。因原来用机油，由于齿轮的部分浸在油中，对冲击载荷起一定缓冲作用。用二硫化钼干膜，对冲击载荷失去了缓冲，因此噪声大，且齿轮啮合面处的二硫化钼干膜很快消失直至齿轮全部磨损，因此有冲击载荷工况要尽量回避使用二硫化钼干膜。

11. 二硫化钼与石墨的粉末润滑失败分析

当低凝点齿轮油紧缺时，我们做过这样的试验：把载重汽车后桥齿箱内的齿轮油全部放尽，而装入二硫化钼与石墨粉各一半，共 500g，然后在大齿轮端面装几个小叶轮。齿轮旋转时固体粉末则随小叶轮飞扬，实现了气相与固相的粉尘润滑，由于不用液体润滑油，自然不会存在漏油的现象，更主要的是适应严寒地区的低温启动方便，避免齿轮油因凝固而汽车无法紧急启动。但是试验时间长了，潮气水分从传动轴花键活动处进入，造成二硫化钼与石墨的粉尘被结块飞不起来。因缺少润滑，齿箱内的滚动轴承开始损坏，致使试验无法继续进行。若将齿箱内滚动轴承安装密封装置、花键轴处也加装密封套，则试验可继续进行下去。

12. 二硫化钼为何很少使用在发动机里?

发动机曲轴箱润滑油经过几道过滤器,特别是有离心式过滤器的发动机,若在该机油箱机油里添加二硫化钼会被精过滤器过滤掉,这样二硫化钼便失去存在的可能性。若二硫化钼颗粒小于 0.5μm 也可加入发动机油里,但必须无离心式过滤器。

一些大型柴油机在早期磨损(跑合)阶段使用二硫化钼有重要作用,特别是对新柴油机活塞外圆及活塞环处喷涂二硫化钼淡金水膜,对防止初期试车发生拉缸现象有重要意义。

13. 二硫化钼干膜在复杂齿箱里试用失败

前面提到 C620-1 车床车头箱结构复杂:有很多倒、顺车摩擦片,且转速高达 1200r/min,还有铜套、拨叉等均不适合二硫化钼干膜的应用。同理,其他较复杂的齿箱如 T612 镗床的镗头箱等也不适合使用这一方法。二硫化钼成膜剂使一些结构简单、转速较低、负载较平稳的齿轮箱变成干膜润滑、实现无油润滑是可行的,反之是不行的。因此,在现实工作中要区别对待,不可一刀切,否则失败是不可避免的。如上海某厂曾建"无油车间",将车间里数十台机床使用二硫化钼成膜剂,连结构复杂的 T68 卧式镗床主轴箱也将机油全部放尽而改用二硫化钼。结果好景不长,那台 T68 卧式镗床主轴变速箱内的一只拨叉严重磨损。C616 车床车头箱由于结构简单,可用二硫化钼干膜剂;而 T68 镗床镗头箱因结构复杂,暂时不能用二硫化钼干膜,等以后技术成熟后可再用。

第 5 章　二硫化钼润滑机理及应用前景

5.1　二硫化钼性能及润滑机理

5.1.1　二硫化钼性能

1. 二硫化钼外观

二硫化钼为蓝灰色至黑色固体粉末，二硫化钼有金属光泽，二硫化钼比重为 4.8～5.0，二硫化钼莫氏硬度 1～1.5，二硫化钼分子量为 160.07，二硫化钼触之有滑腻感。

2. 二硫化钼分子结构

二硫化钼为六方晶系层状结构，二硫化钼每个钼原子被六个硫原子包围，只有硫原子暴露在层的表面。

3. 二硫化钼化学稳定性

二硫化钼对酸的抗腐蚀性很强，除硝酸及王水外，一般酸对其均不起作用。碱性水溶液要在 pH 大于 10 时才对二硫化钼缓慢氧化。二硫化钼对各种强氧化剂不稳定，能氧化成钼酸。二硫化钼对油、醇、脂的化学安定性很高。

4. 二硫化钼热稳定性

热稳定性是润滑剂的一项重要性能指标，二硫化钼在大气中在 400℃左右才开始逐渐被氧化，540℃氧化速度开始急剧增加而被氧化成三氧化钼(MoO_3)，同时摩擦系数也增高，但是在二硫化钼没有完全变为三氧化钼(MoO_3)期间，直到 525℃仍有良好润滑性。二硫化钼在真空条件下 982～1093℃才开始分解，在氩气气氛中温度在 1350～1472℃才开始分解。二硫化钼在低温-60℃时仍具有良好的润滑性能。可见二硫化钼在大气中由-60～400℃的温度范围内有良好的热稳定性，均保持其良好的润滑性能。二硫化钼随着颗粒度的变细其氧化温度逐渐下降，当二硫化钼颗粒度小于 1μm 时，在 200℃左右即有微量氧化。受热时间越长，二硫化钼氧化量也越多。不过这是指与空气充分接触的情况下，如果二硫化钼的颗粒混合在润滑脂、润滑油或其他物质里就很少氧化。

5. 二硫化钼抗压性能

在极高压力下如 20000kg/cm²，一般润滑膜早已被压破而形成干磨，使金属表面拉毛或熔接，而加入二硫化钼使压力增高到 32000kg/cm² 进行试验(这压力已超过很多金属的屈服点)，结果金属表面仍不发生咬合或熔接现象。二硫化钼在压力增高或滑动速度加快时，其摩擦系数反而下降。

6. 二硫化钼导电磁性

二硫化钼在常态下为不良导体和非磁性材料。

7. 二硫化钼耐高真空性能

含 MoS_2 的黏结固体润滑膜在真空中的摩擦系数约为大气中的 1/3，而耐磨寿命比大气中的高几倍甚至几十倍，故 MoS_2 黏结固体润滑膜是真空机械润滑的首选材料，对尖端科学技术有非常重要的作用，如二硫化钼用于人造卫星的仪表和控制系统。

8. 二硫化钼的摩擦系数

(1)二硫化钼具有很低的摩擦系数，通常为 0.03～0.15，比石墨的摩擦系数还要小，在良好的条件下，摩擦系数可低至 0.017。

(2)二硫化钼在真空中的摩擦系数比在大气中的摩擦系数还要低。

(3)二硫化钼的摩擦系数随着相对滑动速度的增加而减小，相对速度越大摩擦系数越小。

(4)二硫化钼的摩擦系数随所负载荷的增加而减少,载荷越重,摩擦系数反而越小。

(5)二硫化钼的摩擦系数还与温度和湿度有关。

9. 二硫化钼附着性

二硫化钼的硫具有对金属很强的黏附力，能很好地附着在金属表面始终发挥润滑功能。

10. 二硫化钼抗辐射性

将二硫化钼分散于无机黏合剂形成的抗辐射固体润滑膜能在-180～649℃的温度范围内使用，这对于要求相当高的辐射强的外层空间来说，采用二硫化钼润滑剂有重大意义。

5.1.2　二硫化钼润滑机理

二硫化钼固体润滑材料具有低的摩擦因数和良好的润滑性能与它本身内在的结构有密切的关系。二硫化钼是一种鳞片状晶体，它的晶体结构为六方晶系结构，每一晶体由很多二硫化钼分子层组成，每个二硫化钼分子层分为 3 个原子层，中间 1 层为钼原子层，上、下 2 层为硫原子层(图 5.1 和图 5.2)。每个钼原子被 6 个硫原子包围(6 个硫原子分布在三棱柱体的各顶端)，只有硫原子暴露在分子层的表面。每个分子层的硫原子与钼原子之间的结合力很强，而分子层之间的硫原子与硫原子之间的结合力很弱，这样分子层之间的硫与硫原子间形成一个低剪切力的平面。当分子间受到很小的剪切力时，沿分子层很容易形成滑移面，如图 5.3 所示。二硫化钼分子厚度为 6.25 Å，一层厚度仅为 0.025μm 的二硫化钼膜层就有 40 个分子层和 39 个低剪切力的滑移面，这些众多的滑移面黏附在金属表面，使原来相对滑移的两金属表面的直接接触转化为二硫化钼分子层的相对滑移，从而降低了摩擦因数，减少了磨损。

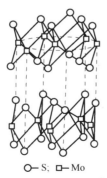

○—S;　□—Mo

图 5.1　MoS$_2$ 的晶体结构

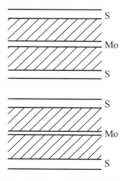

图 5.2　MoS$_2$ 的分子层示意图

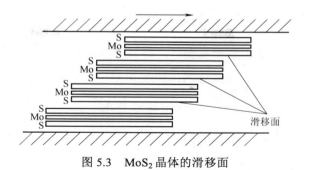

图 5.3　MoS_2 晶体的滑移面

5.2　二硫化钼广阔的应用前景

1. 二硫化钼在航天工业上的广阔应用前景

2008 年 9 月 24 日下午,我国航天员驾驶的神舟七号飞船出舱的主要任务之一,是将中国科学院兰州化学物理研究所研制的 4 大类 15 种固体润滑材料共 80 个样品, 从轨道舱外壁取回,而后带回地面交兰州化学物理研究所研究。这些样品在太空条件下暴露,固体润滑材料会因原子氧和紫外线的辐照产生变化,二硫化钼润滑薄膜产品会产生表面粗糙等一系列微秒变化。这说明我国对二硫化钼产品开拓太空领域、走向航天工业的重视。二硫化钼能耐真空、抗辐射,在核工业和航天工业应用前景广阔。

2. 二硫化钼在地铁拐弯降低噪声中的应用

地铁在拐弯处轮缘与钢轨摩擦严重,产生巨大噪声(在 100dB 以上),若在广阔的田野里,列车产生这些噪声会很快传向四方而消失,但地铁是在狭小的空间里(相当于山洞)飞行,拐弯处产生的噪声无法向别处散布,这样车厢里的乘客感觉特别难受, 认为噪声远比在广阔田野里的大。

对地铁的轮缘处涂二硫化钼干膜或二硫化钼润滑块,可避免这种噪声。这在技术上早已成熟,只是推广工作欠佳。

3. 二硫化钼在防止自动扶梯断链倒行中的应用

某城市产生自动扶梯因断链而倒行，导致不少乘客受伤甚至导致孕妇流产。若在该传动链条处涂有二硫化钼润滑剂，这类悲剧也许可以避免。

4. 汽车工业的大发展会使二硫化钼耗量上升

我国是汽车生产大国和消费大国，汽车用二硫化钼润滑脂会得到巨大发展。只不过有些地方因二硫化钼货源紧缺价格高，有些人便把石墨冒充二硫化钼，导致二硫化钼给某些人的效果不好。也有使用者不注意环境卫生：一桶二硫化钼脂打开后不及时加盖，使大量尘土进入脂内，结果加入轴承后引起副作用。因此，实际使用时要引起重视，最好有专业操作者操作。

5. 两相同金属摩擦时加二硫化钼

两相同金属啮合在一起做相对运动产生摩擦磨损是很严重的，如不锈钢材料的螺钉与螺母、滚动轴承的钢球与滚道等。不锈钢螺丝刚拧紧再马上卸下来，有时就会发现有"咬死"（"咬焊"）现象。因此拧紧不锈钢螺纹时加些二硫化钼，能防"咬焊"，但这在实际中经常不被重视。

6. 二硫化钼实现"终生润滑"的可行性

C616 车床的车头箱、5t 行车的主牙箱、160t 冲剪机的主牙箱、10t 锅炉抛煤机的牙箱等，改用二硫化钼成膜剂后，实现了无油润滑且坚持使用了 20 年以上，这是典型终生润滑实例。二硫化钼实现"终生润滑"，把齿箱从液体润滑中解放出来，彻底解决了机器漏油。

7. 二硫化钼固体润滑剂在轴承、导轨方面的自润滑

镶嵌轴承、镶嵌导轨等无油自润滑摩擦件，现已标准化、规模化且大批生产了。大量的无油滑动轴承、轴套、推力轴承和滚动轴用保持架等摩擦件大多在铜基衬套（板）上冲出梅花型小圆孔，孔内镶嵌固体润滑剂。出于技术保密与成本等，这些产品说明书上很少提到二硫化钼固体润滑剂，大量提到的却是石墨和铅。

石墨和铅这些固体润滑剂存在缺点，尤其是铅，是有害物质，应尽量少用。如果二硫化钼货源充足，在这个领域是大有作为的。二硫化钼产品广泛应用后，可少加或不加机油，有利于节能环保。

8.　二硫化钼与塑料王(PTFE)的"双王"搭配

聚四氟乙烯(PTFE)作为一种特种工程塑料，具有诸多杰出的优良综合性能，被广泛用作耐腐蚀材料、密封材料、医用材料和过滤材料、航空材料等。由于聚四氟乙烯(PTFE)的填充改性、共混改性、表面改性、化学改性以及结构改性方法，使得其性能不断得到改善，应用领域不断扩大，发挥着越来越重要的作用，成为越来越重要的工程材料。

聚四氟乙烯(PTFE)分子链的规整性和对称性极好，大分子链为线性结构，其侧基全部为氟原子，几乎没有支链，容易形成有序的排列，故极易结晶，其结晶度高达 57%～75%，部分品级结晶度高达 93%～96%。在 PTFE 分子中，氟原子取代了聚乙烯中的氢原子，由于氟原子半径(0.064nm)大于氢原子半径(0.028nm)，使得碳-碳链由聚乙烯的平面的、充分伸展的曲折构象渐渐扭转到 PTFE 的螺旋构象(图 5.4)，该螺旋构象正好包围在 PTFE 易受化学侵袭的碳链骨架外，从而为碳链形成一个致密的完全"氟代"的保护层，使 PTFE 具有其他材料无法比拟的耐溶剂性、化学稳定性以及低的内聚能密度。同时，由于碳-氟键极其牢固，键能达到 460.2kJ/mol，远比碳-氢键(410kJ/mol)和碳-碳键(372kJ/mol)高，这使 PTFE 具有很好的热稳定性、化学惰性、极低的表面摩擦系数。

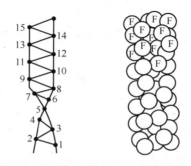

图 5.4　聚四氟乙烯(PTFE)的螺旋构象

"塑料王"聚四氟乙烯(PTFE)与"润滑之王"二硫化钼组合成的"双王"搭配,已引起人们的注意,已研制出锻造汽锤用的活塞环、二硫化钼与聚四氟乙烯软带与导轨等,均有好的应用效果,尤其是活塞环在汽锤、汽缸内防止跑合期拉缸、延长活塞和汽缸寿命有明显效果。

但二硫化钼与塑料王(PTFE)的"双王"搭配这方面发展不迅速,有待进一步开发。另外,二硫化钼与尼龙、工程塑料等搭配成实用的耐磨材料,前景也很宽广。

9. 二硫化钼在纺织工业的发展前景

过去某段时间,人们认为二硫化钼在纺织工业应用是禁区,原因是二硫化钼是黑色易污染纱与布。后来发现二硫化钼在纺织工业有巨大应用市场,且是理想场所:

(1)二硫化钼喷剂对大多数的纺织、印染机械的润滑具有独特优点。细纱机、梳棉机、印染机、烘干机等的各活动导杆等摩擦件用二硫化钼后,不但润滑性能变好了,还具有防尘、防静电、防污染等优点。

(2)二硫化钼油剂在纺纱机锭子里应用对节能(省电)有明显效果,且不存在沉淀问题。上海国棉七厂在实践中早在多年前就已经证实了这点。

(3)二硫化钼锂基脂及含二硫化钼的合成脂 7011 脂等,在纺织机械方面也大有作为。

注释

注 1　二硫化钼油膏

二硫化钼油膏是用含 20%～30% MoS_2 粉与高黏度机油(如汽缸油等)自行调配而成的,也有直接向生产厂购进的,如二硫化钼重型机床油膏等。呈黑色糊状物,对清除机床导轨爬行及丝杆噪声有好的作用。

注 2　7011 合成脂

7011 合成脂含一定量二硫化钼,是重庆一坪化工厂的常规产品。

注 3　二硫化钼淡金水膜

二硫化钼淡金水膜配方较简单:二硫化钼、淡金水、无水酒精三者比例分别为 20%、20%、60%。其烘干温度也较低,小于 80℃即可。

注 4　二硫化钼成膜剂

二硫化钼成膜剂在初期主要是淡金水膜，后为 BM-3。二硫化钼成膜剂的成分较多，它的配方是：二硫化钼 140 份、丙酮 80 份、6101 环氧树脂 50 份、环己酮 15 份、6127 酚醛树脂 20 份。在对清洗干净并经喷砂处理的摩擦面上喷涂后，经 150℃加热并保温 2 小时后便成干膜。上海胶体化工厂有配好的产品出售。

除了以上两种干膜外，还有电泳膜等其他二硫化钼成膜工艺。

注 5　丝扣脂

丝扣脂专用于不锈钢螺钉、螺母间的专用润滑脂。不少丝扣脂内也含有二硫化钼。

参 考 文 献

白锐，柴天佑. 2009. 基于数据融合与案例推理的球磨机负荷优化控制[J]. 化工学报，60(7)：1746-1752.

蔡安江，郭师虹，董朝阳，等. 2010. 剃齿刀精确修形技术[J]. 沈阳工业大学学报，32(3)：296-299.

曾学. 2012. 高档珩磨机自适应控制研究[J]. 机械研究与应用，5：152-153.

陈观福寿. 2012. 高性能聚四氟乙烯密封材料制造工艺研究[J]. 液压气动与密封，10：13-15.

陈俊佑，金立军，段绍辉，等. 2013. 基于 Hu 不变矩的红外图像电力设备识别[J]. 机电工程，30(1)：5-8.

陈庆协，刘念. 2011. 球磨机节能策略与控制方法[J]. 电气传动，41(2)：40-43.

陈亚林. 2010. 离心压缩机控制系统发展现状和趋势[J]. 真空与低温，16(1)：51-54.

邓代君，李文胜. 2015. 浅谈空气压缩机的工作过程及安全操作[J]. 饲料工业，36(5)：9-11.

邓小雷. 2014. 数控机床主轴系统多物理场耦合热态特性分析研究[D]. 杭州：浙江大学.

樊晓红，吴延昭. 2011. 锻压设备对锻模表层负荷的影响分析[J]. 热加工工艺，40(21)：99-102.

范春艳. 2010. 试论螺杆压缩机发展现状及应用[J]. 化学工程与装备，9：186-187.

范萌. 2016. 浅谈如何提高锯削技能[J]. 山东工业技术，3：185.

盖立亚. 2013，机床导轨爬行现象的产生机理研究[J]. 科技创新导报，12：20.

高敏，张静华. 2016. 剃齿刀的通用性验算[J]. 机械传动，40(3)：138-141.

耿凡，袁竹林，孟德才，等. 2009. 球磨机中颗粒混合运动的数值模拟[J]. 热能动力工程，24(5)：623-629.

宫宇，吕金壮. 2014. 大数据挖掘分析在电力设备状态评估中的应用[J]. 南方电网技术，8(6)：74-77.

管文. 2015. 直升机减速器微量润滑研究[M]. 北京：科学出版社.

管文，戴振东，于敏，等. 2012. 极压抗磨剂对不同航空油的适应性[J]. 中国石油大学学报(自然科学版)，36(5)：150-153.

管文，戴振东，朱如鹏，等. 2013. 硫化异丁烯对航空钢油气润滑的影响[J]. 中国石油大学学报(自然科学版)，37(6)：106-108.

管文，高正，葛友华，等. 2013. 直升机减速器润滑系统应急方案优化设计[J]. 润滑与密封，38(10)：91-93.

郭桂梅，梁艳书. 2008. 机床导轨爬行现象的产生机理研究[J]. 机床与液压，36(3)：21-22.

何杰，任小明. 2016. 高效节能球磨机的特点及其应用[J]. 世界有色金属，7：191-192.

胡冰，刘鑫. 2014. 化工设备的防腐控制措施[J]. 当代化工，43(6)：1032-1034.

胡清，沈兵，高申德. 2015. 铸造混砂机的 PLC 技术改造[J]. 安徽科技，1：52-53.

姜辉，杨建国，姚晓栋．2013．数控机床主轴热漂移误差基于贝叶斯推断的最小二乘支持向量机建模[J]．机械工程学报，49(15)：115-121．

李彬，胡建民．2013．Z28-40型滚丝机技术改造[J]．煤，22(9)：27-28．

李芳龙．2012．电动单梁起重机的强度和刚度分析[J]．中国高新技术企业，1：78-79．

李海龙，朱磊宁，谢苏江．2012．聚四氟乙烯改性及其应用[J]．液压气动与密封，6：4-8．

李继才，彭晨，马韶东．2015．基于伺服系统的折臂自动攻丝机设计[J]．仪表技术，12：18-21．

李凌祥．2014．五轴联动数控工具磨床的研发[J]．金属加工(冷加工)，20：46-48．

李伟，逯江，刘红召．2012．滚筒造粒机控制系统的现状与展望[J]．中国粉体工业，6：8-10．

李卫红，赵季军，尚纪峰，等．2011．我国螺杆压缩机的研究现状与发展思考[J]．甘肃科技，27(14)：73-74．

刘成龙，赵庆志，郭丽红．2013．龙门刨床数控改造设计[J]．科技创新与应用，30：120-121．

刘德胜．2013．柴油机烧瓦抱轴的原因及预防措施[J]．湖南农机，40(11)：166-167．

刘峻，朱敏红．2014．滚筒抛丸机的设计[J]．轻工科技，11：45-46．

刘世豪，张云顺，王宏睿．2016．数控机床主轴优化设计专家系统研究[J]．农业机械学报，47(4)：372-381．

刘维民，夏延秋，付兴国．2005．齿轮传动润滑材料[M]．北京：化学工业出版社．

刘忠．2014．浅析化工机械设备管理及维修保养技术[J]．化工管理，32：166-167．

龙晓斌，李志伟，龙川，等．2014．精密高速伺服数控冲床主机结构设计[J]．锻压技术，39(7)：96-101．

卢蔚民，孙友松，卢怀亮．2013．重型摩擦压力机的再制造方案[J]．锻压技术，38(5)：132-137．

栾新民，朱元胜，庞奇．2012．节能型变频双盘摩擦压力机研究应用[J]．锻压装备与制造技术，3：22-23．

吕栋腾．2014．普通摇臂钻床的电气化改造[J]．新技术新工艺，8：14-16．

马训鸣，杨清宇．2008．动力设备监控系统的设计与实现[J]．微电子学与计算机，25(11)：209-215．

苗晋涛，苗静．2013．一种智能化砂轮机的设计[J]．现代企业教育，2：108-109．

彭斌，麦嘉伟，谢小正．2016．自散热无油润滑空气涡旋压缩机的研究[J]．化工机械，43(2)：204-207．

彭俊，高云峰．2015．齿轮滚丝机滚丝专用夹具的改造与应用[J]．制造技术与机床，4：171-172．

秦珩，焦宇飞，向军，等．2015．某船发电机组柴油机拉缸事故计算分析及其预防[J]．中国修船，28(4)：14-17．

秦珊，孙娜，吴俊涛，丛川波，周琼．2012．聚苯硫醚/聚四氟乙烯复合涂层研究进展[J]．高分子通报，6：18-25．

邱元刚，朱元胜，栾新民．2016．摩擦压力机升级改造电动螺旋压力机[J]．金属加工(热加工)，9：66-67．

渠时远．2011．我国水泵发展现状和节能的技术途径[J]．通用机械，6：14-21．

盛维杰，李维嘉．2013．珩磨机控制系统设计与实现[J]．机电一体化技术，3：35-37．

宋清丽．2015．空气压缩机的维护与保养研究[J]．黑龙江科学，6：126-127．

孙欢，王正，庄志健，等．2011．MX519 型木工铣床的振动试验分析[J]．木工机床，2：18-21．

陶杰，徐增豪，胡剑峰，等．2008．国外数控工具磨床发展状况[J]．精密制造与自动化，3：1-3．

汪元根．2013．如何给砂轮机加装制动装置[J]．机电技术，1：111-112．

王波，关鹤．2016．隔爆型电机抱轴故障原因分析及对策[J]．电气防爆，1：33-36．

王光存，李剑峰，贾秀杰，等．2014．离心压缩机叶轮材料 FV520B 冲蚀规律和机理的研究[J]．机
　　械工程学报，50(19)：182-190．

王海斗，徐滨士，刘家浚．2009．固体润滑膜层技术与应用[M]．北京：国防工业出版社．

王思艳，陈勇章，王成勇，等．2016．双凸模三柱轴径向冷挤压工艺及晶粒尺寸演化研究[J]．热
　　加工工艺，45(17)：114-118．

王巍．2005．数控冲床 CAD/CAM 系统研究[J]．电子工艺技术，26(1)：48-51．

王志伟，陈乃豪，张占锋．2014．动压主轴抱轴原因分析及解决措施[J]．轴承，4：27-29．

蔚亚．2016．汽车发动机拉缸问题的探析[J]．工业设计，5：134-136．

吴剑，李专政，陈培丽．2013．国内外铸造用混砂机综述[J]．中国铸造装备与技术，6：1-5．

吴雁，徐进．2009．水力测功机的新型控制系统[J]．船电技术，29(9)：29-32．

吴用．2011．两种中外珩磨机的性能比较[J]．机械工程师，4：111-112．

肖蓓．2013．M7130 平面磨床滑动轴承抱轴原因及预防[J]．设备管理与维修，5：21-23．

谢东．2015．数控机床工作精度检验中的运动控制指标作用机理研究[D]．成都：电子科技大学．

徐春华，任小中．2016．摇臂钻床升降装置的改进[J]．机床与液压，44(10)：45-46．

徐建．2014．当前形势下我国重型机械行业发展的思考[J]．重型机械，5：1-4．

许应朝．2014．金属切削机床加工的方法综述[J]．工业技术，8：75．

杨恩霞，李立全．2012．机械设计[M]．哈尔滨：哈尔滨工业大学出版社．

杨建国，范开国．2013．数控机床主轴热变形伪滞后研究及主轴热漂移在机实时补偿[J]．机械工
　　程学报，49(23)：129-135．

杨克，张耀娟，关尚军．2016．五轴联动数控工具磨床[J]．长春工业大学学报，37(2)：115-118．

杨庆华，洪潇潇，王志恒，等．2015．电液颤振对冷挤压塑性成形件金属流线及晶粒组织的影响
　　[J]．中国机械工程，26(16)：2226-2232．

杨兆军，陈传海，陈菲，等．2013．数控机床可靠性技术的研究进展[J]．机械工程学报，49(20)：
　　130-139．

姚福来，孙鹤旭．2010，通用设备的效率优化法则[J]．河北省科学院学报，27(3)：50-53．

姚建刚，肖辉耀，章建，等．2009．电力设备运行安全状态评估系统的方案设计[J]．电力系统及
　　其自动化学报，21(1)：53-58．

岳运海．2014．涡北选煤厂空气压缩机的选型[J]．洁净煤技术，20(2)：21-23．

翟文忠．2013．通用设备在煤化工行业的应用概况[J]．通用机械，9：24-25．

张亨. 2014. 二硫化钼的性质、生产和应用[J]. 中国钼业，38(1)：7-10.

张津，韩帮阔. 2016. 无油润滑材料在密炼机密封圈上的使用[J]. 橡塑技术与装备(橡胶)，42(9)：40-42.

赵君昌. 2016. 炼厂通用设备使用简述[J]. 通用机械，3：26-28.

赵礼. 2012. 二硫化钼-铜-镀铜石墨复合材料的组织与性能研究[D]. 合肥：合肥工业大学.

赵升吨，陈超，崔敏超，等. 2014. 锻压设备实现低速锻冲方式合理性探讨[J]. 锻压装备与制造技术，6：7-12.

郑文虎. 2006. 精密切削与光整加工技术[M]. 北京：国防工业出版社.

周立峰. 2015. 动力设备运行在线监控及管理探析[J]. 陕西建筑，11：40-42.

周艳华，谢福贵，刘辛军. 2015，伺服冲床主传动机构构型及运动学优化设计[J]. 机械工程学报，51(11)：1-7.

朱薇，袁军堂，汪振华，等. 2016. E-305S 立式木工铣床动态特性试验研究与结构优化[J]. 机械设计与制造，7：104-109.

Babuska T F, Pitenis A A, Jones M R, et al. 2016. Temperature-Dependent Friction and Wear Behavior of PTFE and MoS_2[J].Tribology Letters, 63(2).

Bhargava S, Blanchet T A. 2016. Unusually Effective Nanofiller a Contradiction of Microfiller-Specific Mechanisms of PTFE Composite Wear Resistance?[J].Journal of Tribology-transactions of the ASME, 138(4).

Chang H H, Cui Y, Wang Y, et al. 2016. Wettability and adsorption of PTFE and paraffin surfaces by aqueous solutions of biquaternary ammonium salt Gemini surfactants with hydroxyl[J].Colloids and Surfaces A-Physicochemical and Engineering Aspects, 506：416-424.

Guan W，Dai Z D，Zhu R P. 2015.Tribological characteristics of ammonium thiophosphonate in aeronautical lubrication oil [J]. Journal of the Balkan Tribological Association，21(3)：568-574.

Guan W, Ge Y H, Dai Z D, et al. 2015. Study on aeronautical steel under minimal quantity lubrication[J]. Industrial Lubrication and Tribology, 67(5)：402–406.

Guan W, Zhou H, Wang B, et al. 2016. Tribological behavior of aeronautical steel under oil–air lubrication containing extreme-pressure and anti-wear additives[J].Advances in Mechanical Engineering, 8(8)：1-5.

Jia Y L, Wan H Q, Chen L, et al. 2016. Effects of nano-LaF_3 on the friction and wear behaviors of PTFE-based bonded solid lubricating coatings under different lubrication conditions[J].Applied Surface Science, 382：73-79.

Qin Y K, Xiong D S, Li J L. 2016. Adaptive-lubricating PEO/Ag/MoS_2 multilayered coatings for Ti6Al4V alloy at elevated temperature[J]. Materials & Design, 107：311-321.

Qiu M, Lu J J, Li Y C, et al. 2016. Investigation on MoS$_2$ and graphite coatings and their effects on the tribological properties of the radial spherical plain bearings[J].Chinese Journal of Mechanical Engineering, 29(4)：844-852.

Subramanian K, Nagarajan R, De Baets P, et al. 2016. Eco-friendly mono-layered PTFE blended polymer composites for dry sliding tribo-systems[J].Tribology International, 102：569-579.

Wang B, Zhou L Z, Ji C D , et al.2013.Optimal Design and Analysis of Cross Hinge Four-bar Mechanism Based on Spatial Switching Method [J].Journal of Advanced Mechanical Design, Systems, and Manufacturing, 7(3)：305-316.

Yu L H, Xi J Y. 2016. Durable and Efficient PTFE Sandwiched SPEEK Membrane for Vanadium Flow Batteries[J]. ACS Applied Materials & Interfaces, 8(36)：23425-23430.

Zheng X J, Xu Y F, Geng J. 2016. Tribological behavior of Fe$_3$O$_4$/MoS$_2$ nanocomposites additives in aqueous and oil phase media[J]. Tribology International ,102：79-87.